龙游皮纸制作技艺

龙游皮纸制作技艺

总主编 金兴盛

浙江省非物质文化遗产代表作丛书

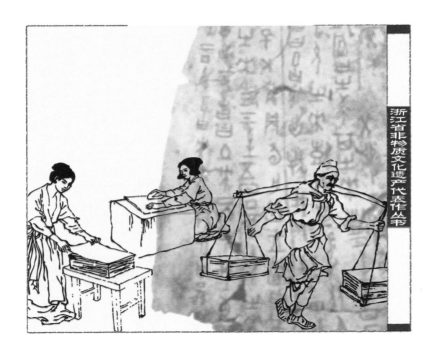

浙江摄影出版社

吴建国　徐荣伟　张博　编著

总　序

中共浙江省委书记
省人大常委会主任　夏宝龙

　　非物质文化遗产是人类历史文明的宝贵记忆，是民族精神文化的显著标识，也是人民群众非凡创造力的重要结晶。保护和传承好非物质文化遗产，对于建设中华民族共同的精神家园、继承和弘扬中华民族优秀传统文化、实现人类文明延续具有重要意义。

　　浙江作为华夏文明发祥地之一，人杰地灵，人文荟萃，创造了悠久璀璨的历史文化，既有珍贵的物质文化遗产，也有同样值得珍视的非物质文化遗产。她们博大精深，丰富多彩，形式多样，蔚为壮观，千百年来薪火相传，生生不息。这些非物质文化遗产是浙江源远流长的优秀历史文化的积淀，是浙江人民引以自豪的宝贵文化财富，彰显了浙江地域文化、精神内涵和道德传统，在中华优秀历史文明中熠熠生辉。

　　人民创造非物质文化遗产，非物质文化遗产属于人民。为传承我们的文化血脉，维护共有的精神家园，造福子孙后代，我们有责任进一步保护好、传承好、弘扬好非物质文化遗产。这不仅是一种文化自觉，是对人民文化创造者的尊重，更是我们必须担当和完成好的历史使命。对我省列入国家级非物质文化遗产保护名录的项目一项一册，编纂"浙江省非物质文化遗产代表作丛书"，就是履行保护传承使命的具体实践，功在当代，惠及后世，有利于群众了解过去，以史为鉴，对优秀传统文化更加自珍、自爱、自觉；有利于我们面向未来，砥砺勇气，以自强不息的精神，加快富民强省的步伐。

党的十七届六中全会指出，要建设优秀传统文化传承体系，维护民族文化基本元素，抓好非物质文化遗产保护传承，共同弘扬中华优秀传统文化，建设中华民族共有的精神家园。这为非物质文化遗产保护工作指明了方向。我们要按照"保护为主、抢救第一、合理利用、传承发展"的方针，继续推动浙江非物质文化遗产保护事业，与社会各方共同努力，传承好、弘扬好我省非物质文化遗产，为增强浙江文化软实力、推动浙江文化大发展大繁荣作出贡献！

（本序是夏宝龙同志任浙江省人民政府省长时所作）

前 言

浙江省文化厅厅长　金兴盛

要了解一方水土的过去和现在，了解一方水土的内涵和特色，就要去了解、体验和感受它的非物质文化遗产。阅读当地的非物质文化遗产，有如翻开这方水土的历史长卷，步入这方水土的文化长廊，领略这方水土厚重的文化积淀，感受这方水土独特的文化魅力。

在绵延成千上万年的历史长河中，浙江人民创造出了具有鲜明地方特色和深厚人文积淀的地域文化，造就了丰富多彩、形式多样、斑斓多姿的非物质文化遗产。

在国务院公布的四批国家级非物质文化遗产名录中，浙江省入选项目共计217项。这些国家级非物质文化遗产项目，凝聚着劳动人民的聪明才智，寄托着劳动人民的情感追求，体现了劳动人民在长期生产生活实践中的文化创造，堪称浙江传统文化的结晶，中华文化的瑰宝。

在新入选国家级非物质文化遗产名录的项目中，每一项都有着重要的历史、文化、科学价值，有着典型性、代表性：

德清防风传说、临安钱王传说、杭州苏东坡传说、绍兴王羲之传说等民间文学，演绎了中华民族对于人世间真善美的理想和追求，流传广远，动人心魄，具有永恒的价值和魅力。

泰顺畲族民歌、象山渔民号子、平阳东岳观道教音乐等传统音乐，永康鼓词、象山唱新闻、杭州市苏州弹词、平阳县温州鼓词等曲艺，乡情乡音，经久难衰，散发着浓郁的故土芬芳。

泰顺碇步龙、开化香火草龙、玉环坎门花龙、瑞安藤牌舞等传统舞蹈，五常十八般武艺、缙云迎罗汉、嘉兴南湖掼牛、桐乡高杆船技等传统体育与杂技，欢腾喧闹，风貌独特，焕发着民间文化的活力和光彩。

永康醒感戏、淳安三角戏、泰顺提线木偶戏等传统戏剧，见证了浙江传统戏剧源远流长，推陈出新，缤纷优美，摇曳多姿。

越窑青瓷烧制技艺、嘉兴五芳斋粽子制作技艺、杭州雕版印刷技艺、湖州南浔辑里湖丝手工制作技艺等传统技艺，嘉兴灶头画、宁波金银彩绣、宁波泥金彩漆等传统美术，传承有序，技艺精湛，尽显浙江"百工之乡"的聪明才智，是享誉海内外的文化名片。

杭州朱养心传统膏药制作技艺、富阳张氏骨伤疗法、台州章氏骨伤疗法等传统医药，悬壶济世，利泽生民。

缙云轩辕祭典、衢州南孔祭典、遂昌班春劝农、永康方岩庙会、蒋村龙舟胜会、江南网船会等民俗，彰显民族精神，延续华夏之魂。

我省入选国家级非物质文化遗产名录项目，获得"四连冠"。这不仅是我省的荣誉,更是对我省未来非遗保护工作的一种鞭策,意味着今后我省的非遗保护任务更加繁重艰巨。

重申报更要重保护。我省实施国遗项目"八个一"保护措施,探索落地保护方式,同时加大非遗薪传力度,扩大传播途径。编撰浙江非遗代表作丛书,是其中一项重要措施。省文化厅、省财政厅决定将我省列入国家级非物质文化遗产名录的项目,一项一册编纂成书,系列出版,持续不断地推出。

这套丛书定位为普及性读物,着重反映非物质文化遗产项目的历史渊源、表现形式、代表人物、典型作品、文化价值、艺术特征和民俗风情等,发掘非遗项目的文化内涵,彰显非遗的魅力与特色。这套丛书,力求以图文并茂、通俗易懂、深入浅出的方式,把"非遗故事"讲述得再精彩些、生动些、浅显些,让读者朋友阅读更愉悦些、理解更通透些、记忆更深刻些。这套丛书,反映了浙江现有国家级非遗项目的全貌,也为浙江文化宝库增添了独特的财富。

在中华五千年的文明史上,传统文化就像一位永不疲倦的精神纤夫,牵引着历史航船破浪前行。非物质文化遗产中的某些文化因子,在今天或许已经成了明日黄花,但必定有许多文化因子具有着超越时空的生命力，直到今天仍然是我们推进历史发展的精神动力。

省委夏宝龙书记为本丛书撰写"总序"，序文的字里行间浸透着对祖国历史的珍惜，强烈的历史感和拳拳之心。他指出："我们有责任进一步保护好、传承好、弘扬好非物质文化遗产。这不仅是一种文化自觉，是对人民文化创造者的尊重，更是我们必须担当和完成好的历史使命。"言之切切的强调语气跃然纸上，见出作者对这一论断的格外执着。

非遗是活态传承的文化，我们不仅要从浙江优秀的传统文化中汲取营养，更在于对传统文化富于创意的弘扬。

非遗是生活的文化，我们不仅要保护好非物质文化表现形式，更重要的是推进非物质文化遗产融入愈加斑斓的今天，融入高歌猛进的时代。

这套丛书的叙述和阐释只是读者达到彼岸的桥梁，而它们本身并不是彼岸。我们希望更多的读者通过读书，亲近非遗，了解非遗，体验非遗，感受非遗，共享非遗。

2015年12月20日

目录

序言 // PREFACE

龙游皮纸制作技艺是流传于浙江省衢州市龙游县及周边地区的一种民间传统手工造纸技艺，所用原料以本地特有的青檀皮、山桠皮、雁皮等为主，并杂以稻草、龙须草等辅料，主辅料配比严格，世代相传。龙游皮纸制作工艺复杂，主要程序有皮料制作、草料制作、混合配料、成品制成四个阶段，全部流程连贯起来有五十四道工序之多，每道工序均由手工艺人凭丰富的实践经验来把握，眼观、手感、心悟相互协调，才能达到特殊的工艺要求和技术效果。

龙游地处浙江西部金衢盆地，隶属浙江省衢州市，自秦代设县，至今已有二千二百多年，皮纸制作历史久远。早在唐代，龙游就有"藤纸""竹纸"等，其中手工抄造的竹纸类"元书纸"还被列为贡品。明万历《龙游县志·卷四·物产》载，龙游"多烧纸，纸胜于别县"。此后，龙游造纸业兴盛不衰，经过历代传承和不断创新，形成了一套非常完整的皮纸制作技艺。

龙游皮纸制作原料配置精细，手工操作繁复，是活态化的传统手工技艺传承。龙游皮纸成品种类丰富，主要有画仙纸、生宣纸、熟宣纸、笺纸、国色纸等五类三十多个品种。龙游皮纸独具"书画之宝"美称,历来备受书画名家青睐。书法家启功先生赋诗"龙游佳制艺称殊……南朝官纸女儿肤",道出龙游皮纸细腻柔韧的特性。近年来,"寿"牌书画皮纸影响逐渐扩大,曾获国际农博会"名牌产品"等称号。2009年,龙游皮纸制作技艺被列入第三批浙江省非遗保护名录;2010年,浙江龙游辰港宣纸有限公司被列为浙江省非遗生产性保护基地;2011年,龙游皮纸制作技艺被列入第三批国家级非遗保护名录;2012年,皮纸制作技艺传承人万爱珠被列为国家级非遗项目代表性传承人。

从中央到地方,各级政府大力推进非遗保护工作,加上龙游县委、县政府的高度重视,龙游皮纸制作技艺已经在浙江龙游辰港宣纸有限公司内得到了生产性的保护。相信随着保护的进一步深入,龙游皮纸制作技艺这一优秀的民间传统制作技艺定能绽放得更加灿烂。

龙游县文化广电新闻出版局副局长　王建虹

2016年10月

一、概述

龙游从唐代以来一直是浙江的造纸重镇，其纸业的发展对当地的经济和文化产生了重要的影响，生产的竹纸、桑皮纸、山桠皮纸、特种纸等被广泛用于书写、民俗、印刷、装饰等领域。如今的龙游，传统造纸与现代纸业并行发展，在繁荣当地经济和文化方面具有举足轻重的作用。

一、概述

　　造纸术是中华民族对人类文明作出的重大贡献之一，与火药、指南针、印刷术并称我国古代四大发明，为文化的繁荣提供了物质和技术的基础。西汉初年，造纸技术已基本成熟。东汉元兴元年（105），蔡伦改进造纸术，他用树皮、麻头及敝布、破渔网等植物性原料，经过挫、捣、抄、烘等工艺制造出来的纸，是现代纸的源头。造纸术发明之后，逐步在中国大地传播开来，以后又传播到世界各地。纸的发明改变了人类的书写材料，使文字有了新的载体，结束了先祖在石壁、兽甲骨、竹木简和帛上书写的历史。如果说指南针和

甲骨

火药的发明加速连通了整个世界，为世界各地的经济和文化交流拓宽了道路，那么造纸术和印刷术的发明与传播则更加丰富了整个世界。白纸黑字的记载，留下了各个国家和地区最重要的精神和文化证据，成为解放人类思想、传播文化知识、促进物质生产的革命性工具。尤其是作为文化用品的纸张，作为人类使用千余年的书写、印刷材料，在世界文明的成长中具有巨大的力量和效能。

[壹]中国造纸技术史

一、中国的造纸

造纸术发明之前，世界各地均出现了用于书写的各种材料。古代中国的甲骨、金石、竹木、丝绢，古拉丁地区的树皮，古埃及的莎草片，古欧洲的羊皮和犊皮，都在很长一段时间内为当地的文化记录和文明传播作出了重要贡献。然而，无论是取自自然的原始材料还是稍作加工的人造材料，随着社会的发展，材料本身的种种局限性逐渐暴露出来：竹木等硬质材料书写不便，难于携带；树皮等植物材料质脆易折，不能舒卷；羊皮等动物材料制作较难，体厚不白；丝绢等人造材料价格高昂，"贫不及素"。这就倒逼人类发明一种能弥补上述材料之不足、集中各种材料之优势，更加适合记载、保存和流通的新的书写材料。这新的材料，便是纸。

从技术史的角度看，纸的发明具有划时代的意义。纸产生之前的各种书写材料，大多是就地取材，或者稍作物理加工，还处于较

简牍

低级的制作阶段。而纸的制作是物理过程和化学处理的结合，是运用各种手段将植物纤维原料进行人工化的作业，充满了人类的智慧。中国造纸史研究专家潘吉星对"纸"下了一个定义：传统上所谓的纸，指植物纤维原料经机械、化学作用制成纯度较高的分散纤维，与水配成浆液，使浆液流经多孔模具帘滤去水，纤维在帘的表面形成湿的薄层，干燥后形成具有一定强度的由纤维素靠氢键缔合而结成的片状物，用作书写、印刷和包装等途的材料。这个定义大致描述了造纸的过程和科学原理。在公元前2世纪的西汉初年，在科学技术还普遍落后的时候，我们的先人就发明了至今通用于各国的纸，实在是一大创举。

最初的纸是作为帛的替代品出现的，所用的原料是麻。麻，盛

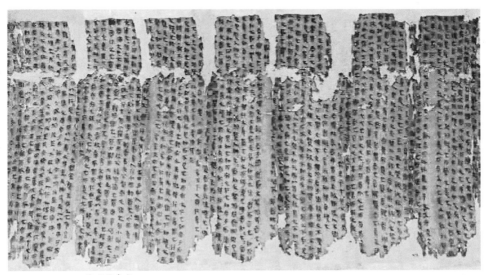

马王堆帛书

产于中国的北部和西部，是大麻、黄麻、亚麻和苎麻的总称。二十世纪以来，各地区的西汉古纸陆续出土，均为麻纤维所制。出土于甘肃天水郊区的放马滩西汉墓中的纸，年代为公元前176年至前141年，其上绘有地图，比著名的"灞桥纸"年代更早，质量更好，经中国科学院植物研究所检验，确认为麻纸。这一发现，将中国的造纸史追溯到秦汉之际。另外，甘肃额济纳河东岸汉金关屯戍遗址出土的"金关纸"、陕西扶风中颜村出土的"中颜纸"、甘肃敦煌甜水井附近汉悬泉邮驿遗址出土的"悬泉纸"等，都是制于西汉年间的麻纸。较好的麻纸已经部分代替帛，用于书写；较差的麻纸用作包装

灞桥纸

材料,比如衬垫铜镜的"灞桥纸"。

到了东汉,麻纸的制作技术进一步提高,并出现了其他材料的纸。其时的蔡伦被后世尊为"造纸祖师",他不仅改进了麻纸制作技术,还主持研发了以木本韧皮纤维制作皮纸的技术。《大汉舆服志》(约255)曰:"东京有蔡侯纸,即伦也。用故麻名麻纸,木皮名榖纸,用故渔网作纸,名网纸也。"这里所记载的"榖"即楮树,是一种桑科木本植物。三国吴人陆玑在《毛诗草木鸟兽鱼虫疏》(约

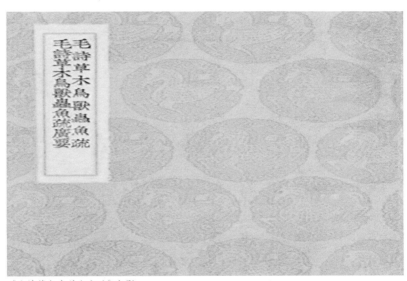

《毛诗草木鸟兽鱼虫疏》书影

245）中释"榖"说："今江南人绩其皮以为布，又捣以为纸，谓之榖皮纸。"楮皮纸自东汉发明后，成为后世广泛使用的一种纸，以至人们美其名曰"楮先生"。

魏晋南北朝时期，不仅麻纸普及开来，使用新材料的造纸技术也不断发展。这时的麻纸白度提高，纸面变得更加平滑，提纯较彻底，已经成为重要的书写材料，并彻底代替了使用千年的简牍。南朝萧绎（508—555）的《咏纸诗》言"皎白犹霜雪，方正若布棋。宣情且记事，宁同鱼网时"，赞叹了麻纸的洁白和便利。张彦远在《历代名画记》中说晋代的顾恺之用"白麻纸"作画；新疆吐鲁番出土

《历代名画记》书影

的东晋时期纸本设色地主生活图，也是麻纸，是迄今发现最早的纸本绘画，足见麻纸在书画艺术中的使用程度之高。此时，利用木本韧皮纤维造纸的技术发展起来，并出现了树皮和麻类混合造纸的新突破。木本韧皮主要有桑树皮、楮树皮和藤皮等。敦煌千佛洞土地庙出土的《大悲如来告疏》表面平滑，色浅黄，极薄，为上好的楮皮

剡藤纸

纸。1972年，新疆阿斯塔纳发掘了高昌国时期（531—640）的夫妻合葬墓，其中出土了三张皮纸，色白，较薄，为桑皮纸。而藤纸最早出现于晋代的浙江嵊县，有名的"剡藤纸"就是当地特产。

　　唐朝时，中国进入了纸的时代，广泛的对外交流使中国的纸和造纸术传到了其他国家，形成了所谓的"纸张之路"（Paper Route）。这一时期的造纸原料大大丰富，皮纸的制作原料扩大到至少六种木本植物，而竹纸的发明成为当时最为重要的贡献，在中国造纸技术史上具有深远的影响。唐长庆、宝历年间（821—826）翰林学士李肇所著的《国史补·卷下·叙诸州精纸》言："纸则有越之剡藤、苔笺，蜀之麻面……扬之六合笺，韶之竹笺。"韶，即今广东韶关，产毛竹。潘吉星先生高度评价竹纸的出现，认为它是中国造纸史上的一个革命性的开端。这种以植物茎秆纤维造纸的方法，比欧洲领先千年之久。也就是在唐初，中国的印刷术已经处于实际应

用阶段了。这一技术条件，加上唐代蒸蒸日上的文化事业的需求，使得各种材料的纸张大量生产。从出土的古纸资料看，麻纸所占比例最高，其次是桑皮纸和楮树皮纸。

虽然竹纸于唐末已经出现，但其真正的发展期是在宋元。与此同时，皮纸得到全面发展，并开创了稻草、麦秆造纸的先河。北宋苏易简（958—997）《文房四谱·纸谱》中说："今江浙间有以嫩竹为纸。如作密书，无人敢拆发之，盖随手便裂，不复粘也。"许多宋元时期的书籍用竹纸印刷。北京图书馆藏北宋元祐五年（1090）的《鼓山大藏》中的《菩萨璎珞经》、南宋乾道七年（1171）的《史记集解索隐》、元代至元六年（1269）的《石林光机》等古籍，皆为竹纸所印。

《菩萨璎珞经》书影

《溪山雨意图》

稻麦纸的兴起得益于材料的丰富，且其造纸成本较低，制作过程也稍易。但由于小麦和稻草属于短纤维植物，其纤维平均长度短，所造纸强度不大，且色黄，故而多作包装纸、卫生纸和火纸之用。麻纸在宋元时期逐渐衰落，藤纸也迅速减产，这是因为竹纸无论是在材料的获得上还是成品的质量上，都显示出强大的优越性。与此同时，皮纸因其防蛀、坚韧、平滑、色白等特性，成为高级文化用纸的主流。北京故宫博物院所藏苏轼的《三马图赞》、黄公望的《溪山雨意图》用的都是上好的桑皮纸。存世的宋元时期的书画用纸中，皮纸占了极大的比重，其次是竹纸，再次是竹和麻、竹和皮等混合纸。

至此，中国传统造纸原料和品类已经基本完备，中国传统造纸技术已经发展成熟，造纸区域遍及全国各地。时至明清，竹纸产量占据首位，其次是皮纸，纸槽于南方各省随处可见，并出现了至今存名的"连史纸""毛边纸""宣德纸""泾县纸"等纸中名品。

二、浙江的造纸

浙江的自然地理条件优越，拥有极其丰富的物产资源。当地人

因地制宜，就地取材，制造了各种与天地和谐并且满足自身需求的生活物品，形成了独特的造物文化。浙江的造纸技艺是其中历史最为悠久、影响最为广泛的一个品类。出版于1959年的《浙江省手工造纸业》中提到，1957年，全省81个县、7个市中，70个县、6个市有手工造纸，所占比例高达86.4%，反映出当时的浙江造纸业是何其繁盛。

有人说两汉时期浙江已有纸张生产，这一说法还有待考证；但魏晋时期，浙江确已有纸业。晋代的越中，即今天的浙江嵊州南曹娥江上游的剡溪一带，就开始用野生藤皮造纸，生产出闻名一时的"剡藤纸"。隋末唐初人虞世南在其《北堂书钞》（630）中有东晋人范宁"土纸不可以作文书，皆令用藤角纸"之语，这里的"藤角纸"指的就是剡藤纸。

隋唐时期，南方的造纸业蓬勃发展起来，浙江、安徽、江苏、江西等地成为造纸的活跃地区，浙江的杭州、越州（绍兴）、婺州（金华）、衢州、剡县（嵊州）、睦州（淳安）、温州等地是当时的造纸生产集中地。北宋《新唐书·地理志》中记有"婺州贡藤纸""杭州余杭县贡藤纸"等，说明藤纸制造从嵊州扩大到了金华和余杭等地，浙江成为藤纸制造的重要地区。唐代李肇《翰林志》（819）记述了白藤纸和青藤纸的不同用处，说"凡赐予、征召、宣索、处分曰诏，用白藤纸"，"凡道观荐告词文，用青藤纸"。另外，唐代的浙江出现了中国造纸史上最为重要的发明，即竹纸的成功研制。潘吉星先生说

"竹纸起源于唐代是稳妥的"，且认为"竹纸起源于唐代的浙江"。唐代段公路《北户录》(878)有关于"竹膜纸"的记载，唐末崔龟图注疏《北户录》时说此"竹膜纸"为"睦州出之"，睦州即今浙江淳安一带，以产竹和造竹纸而闻名。

北宋时，浙江造纸业处于全面发展的时期；而随着赵宋南迁，政治、经济和文化中心南移到杭州一带，杭州成为全国的刻书和印书中心，这就为浙江的造纸业提供了绝好的发展机遇。不仅竹纸和皮纸大量生产，而且首创稻麦秆造纸之法。苏易简《文房四谱·纸谱》

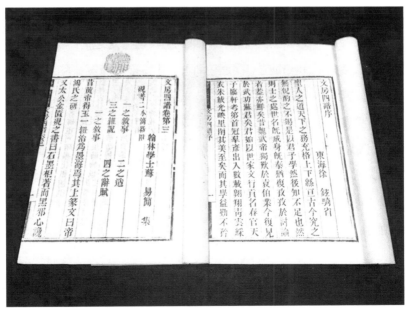

《文房四谱》书影

（986）中有一个重要的记载："浙人以麦茎、稻秆为之者脆薄焉。以麦藁、油藤为之尤佳。"证明至迟在十世纪，我国已经开始用禾本科植物造纸。

竹纸制作以富阳和绍兴最为著名。富阳所产"谢公笺"为当时名品，宋人袁说友（1139—1204）在《蜀笺谱》中云："纸以人得名者，有谢公，有薛涛。所谓谢公者，谢司封、景初、师厚。师厚创笺样以便尺书，俗因以为名。"绍兴所造竹纸为苏轼等文人钟爱。嘉泰《会稽志·物产志》（1202）写道："东坡先生自海外归，与程德儒书云，告为买杭州程奕笔百枚，越州纸二千番。"越州即今浙江绍兴。宋四家之一米芾更写《越州竹纸诗》表达喜爱之情："越筠万杵如金版，安用杭油与池茧。高压巴郡乌丝栏，平欺泽国清华练。老无长物适心目，天使残年司笔砚。"是说绍兴竹纸细腻光洁，平滑如金版，可见质量之高。皮纸则以"蠲纸"和"新安皮纸"为代表。宋代钱康公《植跋简谈》记载了温州著名桑皮纸蠲纸的品类和生产情况，说道："温州作蠲纸，洁白坚滑，大略类高丽纸。东南出纸处最多，此当为第一焉……至和以来，方入贡。权贵求索者日广，而纸户力已不能胜矣。"新安皮纸为楮皮纸，又叫新安玉笺，宋时的新安即今浙江淳安、安徽新安江流域、江西婺源一带。北宋诗人王令有句云："有钱莫买金，多买江东纸，江东纸白如春云。"这里的江东纸，就是新安皮纸。

浙江作为造纸大省的地位在宋代得以确立，并一直延续至明清。元代的《至正四明续志》中有"皮纸出鄞县，章溪竹纸出奉化，棠溪亦有皮纸"的记载。明代陆容《菽园杂记》（1495）中记载了浙江衢州的楮皮纸制作工艺。开化县生产的开化纸，纸薄而韧性好，洁白光亮，是当时名纸，直到清康乾时期仍用于内府和武英殿刻印图书。清代浙江不仅纸业繁荣，制造了以富阳所产"元书纸"为代表的各类名纸，而且出现了专门研究浙江造纸的著作，如清代黄兴三的《造纸说》（约1885）记载了浙江竹纸的制造技术。

综上所述，古代的浙江造纸在中国造纸史上发挥了重要的作用。以剡藤纸为代表的浙江古代名纸，尤其是浙江竹纸的发明，是中国造物文化史和科学技术史上的光辉一页。时至今日，传统手工造纸技艺仍然在浙江多个地区存续。这一古老的手工技艺蕴含着的文化因子和共同记忆，已经不局限于造物本身，而演变为浙江鲜明的文化符号和精神纽带。

近年来，如传统手工造纸技艺等诸多传统工艺，面临着工业化、机械化、现代化的巨大冲击，有些已经消失，有些濒临灭绝。与之一同远去的，恐怕还有更多隐藏在"非物质文化遗产"名下的深层内容，它关系到人类文化如何传承、民族精神怎样凝聚等重大命题。这是非遗保护和研究的出发点，也是我们整理和研究"龙游皮纸"等非遗项目的出发点。

[贰]龙游的地理人文环境

一、地理环境

龙游皮纸制作技艺的流传区域主要在龙游县东南山区，包括龙游县城、溪口镇、庙下乡、罗家乡、大街乡以及沐尘乡等。

一方水土，一方物产。不同的地区，由于水文、地质、日照、气候等条件各异，往往生产出不同质相的产物。这一法则不仅适合"橘生淮南则为橘，生于淮北则为枳"的自然产物，也适合"他出不能相争"的人工造物。"天有时，地有气，材有美，工有巧，合此四者，然后可以为良"，早在先秦之际，中国的古人就总结出这样因地制宜的素朴造物经验。龙游皮纸之所以冠以"龙游"之定称，恰是因为龙游为其制作提供了独一无二的地理环境。

山桠皮及其生长环境

　　龙游县隶属浙江省衢州市，位于金衢盆地中部，北纬28° 44′ —
29° 17′、东经119° 02′ —119° 20′ 之间，面积1143平方千米。境内主
要河流为衢江和灵山江，自西向东穿城而过。地形南北高、中部低，
具有明显的盆地特征。它处于亚热带季风气候区，气温适宜，光照
充足，降水丰富，土壤类型随海拔呈垂直分布，主要为分布于低山丘
陵区的红土，占总土壤面积的54.03%。

　　众所周知，龙游皮纸的制作原料为山桠皮。山桠皮在我国长江
流域和西南诸省均有分布，但浙江的环境最适合山桠皮生长，尤其
是浙西地区，能够产出利用价值较高的山桠皮。与龙游县相邻的遂
昌县高平乡于1999年被浙江省林业厅授予浙江省"山桠皮之乡"的
称号，足见这片区域为山桠皮的生长提供了较好的自然环境。查看
上述对龙游地理环境的简要介绍，再比对山桠皮"喜半阴，亦耐日
晒""喜温暖气候，耐寒力较差"等特性，发现前者完全符合后者的
要求。另一方面，造纸对水的数量和质量都有一定的要求。传统皮
纸制作对水的需求量是巨大的，有些工序甚至直接在河水中进行，
所以，很多传统造纸区域都位于水源丰沛的江河上游。另外，造纸
用水要保证清洁，起码肉眼看不到杂质。清代乾隆年间的《浙江通
志》有旧时温州蠲纸因水质问题而无法生产的记载，云："温州贡
纸五百张，其来久矣。明开局于瞿溪，差官监造，后因水浊，造纸转
黑，乃以地气改迁，奏罢。少此佳纸，殊为可惜。"这显然涉及环境保

护的问题,同时指出水质对造纸质量的重大影响。

　　龙游地区的衢江拥有南北七条支流,呈树状分布,河流总长402.1千米,另有芝溪、罗家溪等水流密集分布,为龙游皮纸的制作提供了丰富且优质的水资源。当地的气候条件也对皮纸制作有一定的影响。晾晒经初步加工的山桠皮、晒纸等工序对日照和温度的需求是显而易见的,砍料、蒸料、捞纸等工序也有其最佳的作业时机。一般情况下,秋冬之际是砍料的好时节,而传统蒸料的时间长短则有冬夏之别。宋应星《天工开物》中说造纸,有"凡楮树取皮,于春末夏初剥取","来年再长新条,其皮更美","用上好石灰化汁涂浆,入楻桶下煮,火以八日八夜为率"等显示时间的记载,可见气候条件对传统造纸工艺的影响。

　　正如很多地区名产一样,龙游皮纸因龙游特殊的气候和地理

龙游境内水系

条件而生,反过来又成为龙游的地区名片和文化符号。这是因地制宜、自然与人智良性互动的经典案例。

二、商帮文化

造物的终极目的是使用,造物的意义只有从生产者的手中辗转流传到使用者的手中才会实现。当然,旧时的生产者很多情况下即为使用者,尤其是在以实用为追求的传统工艺制作中。龙游纸在旧时的生产量是巨大的,这与当地使用以及贸易往来的需求量有着极大的关系。康熙年间的《龙游县志·卷四·物产》说当时龙游地区纸槽遍地,人民"借以为生"。这种盛况可以追溯到南宋时期,并且与龙游的商帮文化密不可分。

商帮文化是明清时期随着商品经济发展和商品流通范围扩大而形成的一种特色文化,它不仅对当时的经济贸易产生了重大的促进作用,而且加强了各地区文化和思想的交流,留下了诸多富有特殊价值的实物和精神遗产。龙游商帮是较早形成的商帮之一,是中国十大商帮中唯一以县域命名的商帮,是浙江商帮的鼻祖。龙游商帮并非局限于"龙游人"的商业团体,而是指浙江衢州府所属龙游县、常山县、西安县(今衢江区)、开化县和江山县五县的商人所构成的群体。他们中龙游人最多,以龙游县为中心,聚集了大量资金,长期外出经商,有"遍地龙游"之说,遂称之为龙游商帮。明天启《衢州府志》说龙游人"多向天涯海角,远行商贾,几空县之举",清康熙

《龙游县志·卷二·建置》说"龙游，衢之要邑也，其民庶饶，喜商贾"，可见龙游商帮延续时间之久，影响之深。

龙游商帮萌发于南宋。南宋定都杭州后，全国的政治、经济、文化重心南移，极大地促进了江南地区各项事业的发展。是时，官道开修，其中一条东起杭州，西接湘赣，于寿昌与龙游交界的梅岭关入龙游，并穿越龙游全境，这就为衢州人外出经商提供了便利的陆路交通。衢州府处于浙、皖、赣、闽四省交界处，水路亦发达。明成化年间（1465—1487）的《衢州府志》云："衢为浙上游，居广川大谷之间。南际瓯闽，北抵歙睦。诸县之水，会于城下，达于浙江，以入于海；层峦叠嶂，呈奇献秀，拱抱回合，形势之胜，甲于旁郡。"便利的水陆交通促进了龙游商帮的发展壮大，当地的木材、药材、山货、纸张等物产可以顺畅地运输到全国各地。另外，杭州成为全国的刻书和印书中心，对纸的需求量大大增加，这就为浙江地区造纸业提供了绝佳的发展机遇。衢州地区田少山多，造纸原料藤条、翠竹、楮树等植物资源丰富，向来纸槽繁盛，北宋时就大量外销藤纸，著名纸商朱世荣靠制造和销售藤纸发家，"置产常州三县之半"，"后归里，复大置产"。到南宋时，面对杭州印书业对纸张的大量需求，很多龙游人弃农从商，从事造纸、贩纸活动。衢州的印书业在五代和北宋时期就有一定的发展，北宋时的龙游溪口镇是当时重要的造纸、贩纸基地，据《龙游县志》

记载："其繁盛，乃倍于城市焉。"南宋杭州刻书业和衢州本地孔子南宗带来的文化发展机遇，使龙游地区的造纸业和刻书业日益蓬勃。纸商和书商自产自销，游走叫卖于当地和外省，逐渐形成了龙游商帮的雏形。

龙游商帮在明代中叶至鸦片战争前夕持续发展，经营项目包括粮食、山货、丝绸棉布、珠宝、药材等数十种，尤其著名的是刻书贩书业和纸业。明代，浙江境内的著名刻书坊一共有二十五家，杭州十四家，嘉兴、台州、宁波各有一家，其余八家均在龙游。很多龙游书商不仅刻书、贩书，而且藏书、读书、研书，是名副其实的"儒商"，因此有人总结他们的经商特点为"诚实守信，亦贾亦儒"。著名书商童佩（1524—1578）是龙游儒商的典型代表。他幼时跟从父辈贩书于吴越间，"喜读书，手一帙，坐船间，日夜不辍，历岁久，流览既富，所为诗风格清越，不失古音。为他文亦工善，尤善考证书画金石彝敦之属"，集印刻、贩销、收藏、鉴赏、考证、校雠于一身。除童佩外，衢州地区还有很多重要的藏书家，如余钰，西安（今衢江区）人，藏书万卷；又如何乔遇，龙游人，藏书数千卷；胡荣，龙游人，藏书万卷。刻书、藏书活动进一步带动了造纸业的兴盛。明代浙江右参政陆荣在《菽园杂记》中说："浙之衢州，民以抄纸为业，每岁官纸之供，公私靡费无算。"龙游县"多烧纸，纸胜于别县"（万历《龙游县志·卷四·物产》）；常山县球川镇的纸槽达五百多家，生产的纸张洁白、精细，为科举之用，素有"球川官纸"之称；开化县生产的名纸"开化纸"以其高质量一直流行到清代，成书于雍正四年（1726）的活字本《钦定古今图书集成》用的就是开化纸。优质纸张大量出产，宫廷民间皆有用之，龙游商人将纸贩运到各地，各地客商又汇集龙游，真可谓盛极一时。明末著名刻书家余象斗（约1561—1627）极为推崇龙游商帮出品的衢州纸，说："连四纸，开化县有连三连四纸亦佳，只要白厚无粉者为妙。"康熙年间《龙游县志·卷四·物产》记载："民间全赖山竹造纸，借以为生。"富甲一方的纸业巨贾也由此产生。龙游叶氏以长期经营规模庞大的纸号著称，前后拥有叶震兴、叶泰兴、叶寅记、叶大茂等多家纸号，不仅在衢州地区，还在上海、杭州等地设立纸铺。其投资经营的纸槽有三四百家之多，盛期出产的土纸有二十万石左右。这对衢州的造纸业甚至整个衢州经济的发展都产生了重要的影响。

事实上，明清之际，龙游商帮经营的造纸业无论是在质量上还是在数量上，一直处于全国领先地位。龙游商帮的经商格言中有一条是这样的："丰年纸马铺，歉年粮食行。"龙游商帮适时而动，依据供需关系，将衢纸大量贩运至外省，推动了衢州地区纸业的繁荣，使造纸业成为当地经济生产中极为重要的一部分，既造福一方人民，又于中国造纸史上留下了一段佳话。如今，龙游地区的很多明

三门源叶氏建筑群

清古建筑，如三门源叶氏建筑群、龙游大街的傅家大院等，都是当时书业、纸业巨商的府邸或祠堂。

[叁]龙游造纸的历史沿革

包括龙游在内的衢州传统手工造纸有着悠久的历史。根据相关文献记载，至迟在唐开元年间，衢州地区已经能够生产出质量较高的纸品。想必在这之前，当地的造纸业就经历了一段很长的发展期。

兴于晋代浙江嵊县剡溪一带的藤纸，在唐朝进入全盛时期，衢州、婺州等地也成为出产上好藤纸的地方。唐人李林甫《唐六典·卷三·户部》（739）注称衢、婺二州贡藤纸，衢、婺即今天的衢州和金华地区，所产藤纸进贡皇宫，作为高级公文纸。唐人李吉甫《元和郡

县图志》（814）也有婺州贡藤纸的记载。

五代时，龙游地区不仅生产纸，还依靠"四省通衢"的便利条件大量外销藤纸，并成为当时著名的刻书地区。北宋时，杭州城内书铺林立，官刻、私刻大多选用龙游所产藤纸。南宋定都杭州后，杭州成为全国刻书中心，对纸张需求量大增，一直作为朝廷贡纸地之一的衢州，当仁不让地成为杭州用纸的重要来源地。

明代，衢州的传统造纸技术进入新的历史发展阶段，竹纸和各类皮纸的产量、质量都超越过去，用途也更广泛。明屠隆《考槃余事·卷二·纸笺》谈到本朝造纸时写道："永乐中……有榜纸，出浙之常山、直隶庐州英山。"这是说永乐年间，衢州常山县的纸曾作为科举放榜或官府告示的宣传用纸。明成化年间，陆容《菽园杂记》讲到了衢州常山、开化及周边地区制造楮皮纸的工艺流程："衢之常山、开化等县人，以造纸为业。其造法，采楮皮蒸过，擘去粗质，掺石灰浸渍三宿，蹂之使熟。去灰，又浸水七日。复蒸之，濯去泥沙，曝晒经旬，舂烂，水漂。入胡桃藤等药，以竹丝帘承之。俟其凝结，掀置白上，以火干之。白者，以砖板制为案桌状，圬以石灰，而厝火下也。"这里记载的工序，与龙游皮纸的制作工序大致相同，且明确提出了较为神秘的"纸药"的妙用，可见当时衢州造纸工艺的高超。

清代，随着龙游商帮等商人团体的推广和销售，衢州造纸业更加昌盛。据分析，当时龙游本地的纸槽、工匠已经不能满足人们对纸张的需求量，要从浙江东阳、江西铅山等地雇用造纸工匠，才能完成任务。民国《龙游县志·卷二四·丛载》记载，光绪二十四年（1898）南乡曾发生"纸槽工人罢工滋事，势甚汹汹"之事，可以看出当时龙游造纸业的盛况。其时出现了很多造纸家族，如以傅乃庚为代表的傅氏家族、以林巨伦为代表的林氏家族等。清末黄兴三（1850—1910）至常山县游玩，问山中人造竹纸的情况，并依据其讲述写下了《造纸说》。

清末至民国时期，时局动荡，百业凋敝，衢州的造纸业受到很大影响，但造纸活动一直未有中断。陈学文《龙游商帮研究》称，1929年龙游有纸槽317条、槽工1802人，1940年纸槽增至350条，其中灵山乡步坑源村有9家、11条纸槽，年产纸8000石（民国初产纸30万石，计200万元），主要有黄笺、白笺和南屏纸。1934年《浙江建设月刊》载，龙游竹浆纸输出17万件、90余万元。据《浙江年鉴·工业》统计，1939年，龙游产南屏纸20万石、花笺1.5万石、手工新闻纸5000令，值102.7万元，占龙游输出产品总值的一半多。

新中国成立后，龙游县溪口区于1949年成立了造纸工会。在随后的计划经济时期，依托传统手工竹纸、皮纸制作技艺，开办了几家著名的大型造纸企业，龙游造纸厂就是浙江省几家大型造纸企业之一。1958年3月7日，国家计委批准龙游造纸厂设计任务书，并将之列入第二个五年计划。1963年，龙游造纸厂一期工程通过验收。1984年

7月，龙游造纸厂实行厂长负责制、车间承包责任制。1985年10月，龙游造纸厂试制成功40克碳素复写原纸，质量达到部颁标准，部分质量指标赶超国外同类产品。1987年，龙游宣纸厂被评为全国轻工业出口创汇先进企业。1988年7月30日，龙游县政府常务会议讨论通过了《龙游县"七五"期间发展名、优、特、新产品的实施意见》，决定将龙游宣纸、字典纸等列为县重点优特新产品。20世纪90年代，龙游造纸厂改制为浙江亚伦造纸厂。2004年，"亚伦"再次改制，孵化了一批特种纸企业，造纸企业增至21家，其中产值超亿元的有9家。与此同时，薪火相传的造纸业也培养了一代又一代造纸专业技术人员。据统计，龙游目前有造纸专业技术人员300多人，熟练操作技工3000多人，这是龙游打造全国特种纸生产基地的根本保障。全县共研发新产品近50个，形成生产能力的有37个；获省部级以上优质产品称号的有10个、15次；开展规模较大的新材料、新工艺、新设备、新技术开发34次，获得市级以上科技成果奖10项、11次。

　　2000年，在第八届全国文房四宝艺术博览会上，龙游皮纸被认定为"十大名纸"之一。2001年，中国国际农业博览会认定龙游皮纸为名牌产品。2008年，龙游皮纸制作技艺被列入浙江省第二批非物质文化遗产名录。2010年，"国色古艺"宣纸荣获第二届中国·浙江工艺美术精品博览会银奖。2011年，龙游皮纸制作技艺入选第三批国家级非物质文化遗产名录。龙游"寿"牌宣纸先后荣获省金鹰奖、省优质产品称号、中国国际农博会名牌产品称号、中国文房四宝十大名纸（国之宝）奖。

　　龙游从唐代以来一直是浙江的造纸重镇，其纸业的发展对当地的经济和文化产生了重要的影响，生产的竹纸、桑皮纸、山桠皮纸、特种纸等被广泛用于书写、民俗、印刷、装饰等领域。如今的龙游，传统造纸与现代纸业并行发展，在繁荣当地经济和文化方面具有举足轻重的作用。

二、龙游皮纸的品种及特征

皮纸通常泛指用植物韧皮纤维作为原料所造的手工纸。龙游皮纸在长期的发展过程中形成了很多纸品，薄如光、韧如丝、立体感强，渗透性好，宜书宜画，润燥自然。

二、龙游皮纸的品种及特征

[壹]龙游皮纸的品种

"皮纸"一词通常泛指用植物韧皮纤维作为原料所造的手工纸。1959年出版的《中国造纸植物原料志》共收录造纸用皮料类七十四种,其中较为常见的有楮树皮、各种藤皮(青藤、紫藤、葛藤、蛟藤等)、桑树皮(小叶桑、堰桑等)、瑞香皮(山桠皮、荛花等)和青檀皮。龙游皮纸的主要制作原料为山桠皮和雁皮。雁皮是瑞香科荛花属植物,也称野棉皮;山桠皮也叫结香,同属于瑞香科植物。

龙游皮纸在长期的发展过程中形成了很多纸品,尤其在当代,随着信息的流通和科学实验法的普遍应用,龙游造纸艺人适应市场需求,改进皮纸质量,增加各种配方,生产出不同用途的皮纸五十多种。为了方便认识和分析龙游皮纸的种种特质,在此先对其品种作一分类。

按主要原料,可分为山桠皮纸和野棉皮纸。

按配料成分,可分为纯野棉皮纸、净皮纸、特净皮纸等。

按纸张规格,可分为四尺单、四尺双夹、五尺单、五尺双夹、六尺单、六尺双夹等。

按制作工艺,可分为画仙纸、笺纸、国色纸、特种纸等。

按纸背帘纹,可分为罗纹纸、龟纹纸、绵连纸、蝉翼纸等。

按用途,可分为书画用纸、装帧用纸、包装用纸、装潢用纸等。

[贰]龙游皮纸的主要特征

龙游皮纸制作技艺国家级代表性传承人万爱珠曾谈到她于二十世纪八九十年代奔走各地为书画名家送纸的回忆,上海的陆俨少、谢稚柳,杭州的沙孟海,都愿意常年订购龙游皮纸作为自己的创作用纸。明清之际的傅山在《霜红龛集》中指出"心、手、纸、笔、主、客"是影响书画品质的六大因素,其中作为工具的"纸"之重要性显而易见。这些老书画家之所以如此青睐龙游皮纸,把它作为其艺术呈现的载体,无不是因为龙游皮纸"宜书宜画"的优秀品质。1984年,上海朵云轩书法家单晓天为龙游皮纸题词道:"龙游宣纸,质细而坚,宜书宜画,着色鲜妍,挥洒如意,润燥自然,文房新秀,胜过薛笺。"这是对龙游皮纸主要特征的概括,也是对龙游皮纸品质的高度赞美。

龙游皮纸在制作过程中有一些技术指标,对单位纸张的定量、紧度、白度、裂断长、尘埃度、水分等都有严格的要求,这就保证了龙游皮纸的质量。龙游皮纸的主要原料山桠皮的纤维构成虽然与其他皮料纤维相似,但其纤维中间较宽,两端逐渐变细,中间宽段占整根纤维的三分之一左右,且细胞壁上有横节纹,这种独特的纤维结构对成纸的润墨性有着显著的提升作用；再加上精湛的制作技艺使其细长的纤维能够均匀交错成纸，造就了龙游皮纸的精彩呈现。龙游皮纸"薄如光，韧如丝"，立体感强，具有拉力，渗透性好，还抗蛀、长寿，因此有"纸寿千年"的赞誉。

以下从具有代表性的生宣、熟宣和笺纸三大类，细看龙游皮纸的特征。

龙游皮纸生宣洁白稠密，质细而润，墨韵清晰，染色自然而鲜艳，非常适合传统中国画的大小写意画、泼墨画及重彩画的表现。生宣的柔韧性极好，若无意中弄出折痕或褶皱，只要经过平整处理，就会焕然一新；渗透性极好，主要表现在水的洇晕和墨的吸收上，可形成极其丰富的墨色变化；保存力极好，一方面是指纸张本身不易变色和褪色，能够长时间储存，另一方面是指纸张对其上的字画具有保护功能，能够使作品的形态和色泽长期如故。

龙游皮纸熟宣为生宣再加工而成，通过涂抹明矾等手段，降低其吸水能力，墨色不会晕染开来，主要供工笔画之用。《颐年论画》中说熟宣"纸性纯熟细腻，水墨落纸，如雨入沙，一直到底，不纵横渗透也"。所以熟宣的主要特点就是无法产生水墨的扩散变化，适合工笔勾勒，细致描绘，传写人情，描摹物态，接近于绢的性能。熟宣还可以开发成各种现代包装纸和特种纸，适合现代机器喷绘和打印。

龙游皮纸笺纸是用生宣按照不同用途，通过印制、染色、加料、擦蜡、砑光、泥金、泥金银粉、洒金银箔片、描金银图案等手段制成的纸，五彩缤纷，形制精美。

除了上述龙游皮纸本体呈现的特征外，龙游皮纸背后还关联着历史、地理、人文等因素。我们将其概括为三个方面。

一是独特的原料和水源。龙游县东南山区的气候和土壤特别适合龙游皮纸的主要原料山桠皮、野棉皮等植物的生长，尤其是此地的山桠皮，纤维长，均匀细密，交错感好，吸附性强，是龙游皮纸润墨性能优良的主要原因。龙游皮纸制作对水源有着特殊的要求，其原料生产和加工在龙游县东南山区的溪口镇沐尘乡等地，山泉终年不绝，是天然制浆的关键资源。龙游县境内河溪密布，特别是灵山江水源充足，水质清澈、凉滑，适合制造高档皮纸。

二是特殊的工具和工艺。"捞纸"是一道非常重要的工序，别地生产纸张都以双人捞为主，而龙游皮纸制作却根据纸张大小、特性等来确定单人捞、双人捞或多人捞。不同的捞法所需的竹帘和帘床都有不同，形成的纸张特性也不同，如单人捞产生的浪花大，皮纸纤维交叉性好，拉力好；多人捞能制成特殊肌理的皮纸等等。师傅将帘床入池，在纸浆池里轻轻捞摆，只捞两次，一张纸就诞生了。特殊的工具和工艺使龙游皮纸具有独特的纸张特性和浓厚的地域性。

三是丰富的经验与技艺。龙游皮纸生产分皮料制作和成品制成两个流程，共三十多道工序，每道工序均由手工完成，全凭经验掌握其中的奥妙。如原料加工大都采用日晒、雨淋、露炼等方法，自然天成，师傅凭借"眼观"和"手感"判断加工效果。再如捞纸，一遍成型，好与坏全看这一捞，"轻荡则薄，重荡则厚"，然后反腕一扣，湿漉漉的皮纸就脱离竹帘，码在旁边。捞纸师傅的动作轻灵而准确，必须眼到、心到、手到，一气呵成，纸的厚薄、纹理、丝络全靠个人手上的感觉。因此龙游皮纸的整套制作技艺符合非物质文化遗产的特点，具有很高的历史、文化和艺术价值。

[叁]龙游皮纸制作技艺的价值和影响

人们往往倾向于记住那些创造历史的伟人，而忽略了努力活出生命价值的芸芸众生，但在工艺造物领域，伟大的发明创造几乎都是一代代劳动人民的经验总结，而不是圣人或"祖师"的独自创作。龙游皮纸制作技艺就是这样一种充满民间智慧、珍藏历史厚重感并且仍然具有现实意义的传统手工技艺。

一是龙游皮纸制作技艺产生于特定的历史条件，经过千年的发展、流传和应用，具有重要的历史价值。龙游及周边地区早在唐代就能生产出各种原料制成的手工纸，不同阶段的工艺技术之间是一个相互影响、继承、补充、优化的过程，直到发展成熟并成为当地的主要产业之一。这个过程是漫长的，从魏晋时期的萌动，到唐宋的发展，再到明清的鼎盛，反映了龙游地区劳动人民的集体智慧；这个过程所创造的非凡成果流传至今，成为我们追溯过去、体味过去的珍贵文化遗产和精神财富。龙游皮纸制作技艺完整地继承了龙游传统造纸作坊长期流传下来的技术工艺与历代传承者的丰富经验，成为一段活的历史，为人们认识龙游地区的社会发展史和中国造纸发展史提供了直观、形象、生动的活态证据，因而具有不可忽视的历史价值。

二是龙游皮纸制作技艺深含着龙游地区传统文化的精髓，体现了该地区的文化身份和特色，具有鲜明的文化价值。技艺本身是世代积累的智慧的结晶，体现了当地的文化模式、文化标准、文化形态和文化观念；技艺所造之物为书写、绘画之用，为当地的文化继承和全民文化素养提高提供了有利条件。技艺以商品形式向外传播的过程，促进了该地和外域的文化交流，对于促进龙游文化的创新和发展具有重要影响。龙游皮纸制作技艺是龙游地区民间文化的一个代表，龙游皮纸又作为诗书绘画的载体进入精英文化之列，龙游皮纸的文化价值愈加丰富和重要。

三是龙游皮纸制作技艺从表面上看是手工的、乡土的、经验而随机的，但究其本质，其制作过程的成熟是一步一步孜孜以求的科学实证的结果，具有重要的科学价值。龙游皮纸的制作并不是简单的敲打、连接、平展的物理过程，而是材料之间复杂的化学反应，这对量和质的把握都有一定的要求。自然赋予我们无数可用之物，适合造纸的原料在龙游地区就有多种，但先民在无数次尝试后，选择了山桠皮等原料和当地的水质、气候、土壤结合，制造出优质的龙游皮纸，这就是一个科学的实验过程。显然，造纸的先民并不知道"科学"之名，对纤维素、木素、果胶等专业名词也是一无所知，更无法准确描述各种复杂的化学反应，但其制造行为却具有相当高的科技含量，甚至形成了一套完整的造纸体系。龙游皮纸制作技艺是中国科学技术史上的一项重要内容，具有极高的科学价值。

四是龙游皮纸制作技艺作为龙游之特有，尤其在明清之际发展成为当地的一大支柱产业，这段值得夸耀的历史通过口传心授、纸业遗迹（纸槽遗址、纸商府宅、纸业史料）等流传至今，其精湛的工艺特征成为龙游地区人民的共同记忆和文化自豪，具有深刻的社会价值。它作为当地传统历史文化的重要组成部分，是区域凝聚力、亲和力的重要源泉。

五是龙游皮纸制作技艺传统出新，在当下依然具有广泛的市场需求，可以转变为文化生产力，促进现实经济发展，造福当地人民，具有丰厚的经济价值。明万历年间，龙游的纸张和书籍就凭借龙游商帮远销江苏、河北及山东、京师等地。民国后期，龙游造纸业已成为当地的主要产业，占经济产值的一半还多。新中国成立后，龙游皮纸发展更快，并进入国际市场，外销份额逐年扩大，2008年产量达240多吨，产值达1200多万元。如今，龙游皮纸除了书画之用外，还可用于过滤、吸墨、制扇、灯具及装潢等领域，具有更为广泛的经济价值。

　　龙游皮纸制作技艺的价值和影响是极其丰富和立体的，上述对龙游皮纸"重要的历史价值、鲜明的文化价值、重要的科学价值、深刻的社会价值、丰厚的经济价值"的概括，仅仅是一种列举，其真正的价值可以说是一个"价值体系"，整体而全面地发挥着作用，影响着相关的方方面面。

三、龙游皮纸的制作材料和工具

龙游皮纸的主要制作原料是山桠皮和雁皮，并配有稻草、龙须草等辅助材料。其制作工具可分为皮料准备用、皮料制作用、纸张成型用和后期处理用四类，显示出独特的造型和价值。

三、龙游皮纸的制作材料和工具

[壹]制作材料

龙游皮纸的主要制作材料是山桠皮和雁皮，并配有稻草、龙须草等辅助材料。

山桠皮和雁皮取自瑞香科植物。利用瑞香科植物韧皮纤维造纸的技术，至迟在唐代已经形成，二十世纪初曾在新疆出土唐代瑞香科植物纤维纸，敦煌石窟的唐人写经纸中瑞香皮纤维也有发现。瑞香科植物在中国分布广泛，有多个品种，常用于造纸的有白瑞香（Daphne papyracea）、金边瑞香（Daphne odora）、黄瑞香（Daphne giraldii）、结香（Edgeworthia chrysantha）、小灌木荛花（Wikstroemia trichotoma）和狼毒（Stellera chamae jasme）等。

在国家级非物质文化遗产传统造纸技艺项目中，有多项是以植物韧皮为主要原料的，龙游皮纸制作技艺采用瑞香科植物山桠皮或雁皮为主要原料，显示出独特的个性。

山桠皮，旧时或可称为百结皮，日本称为"三桠"，国内亦有此称，《中国造纸植物原料志》中就以"三桠"名之。山桠皮属瑞香科结香属，多年生落叶灌木，别名有结香、金腰带、白蚁树、打结花、

国家级非物质文化遗产皮纸制作技艺的相关情况

序号	编号	项目名称	申报地区或单位	主要原料
415	VIII—65	宣纸制作技艺	安徽省泾县	青檀皮、稻草
417	VIII—67	皮纸制作技艺	贵州省贵阳市、贞丰县、丹寨县	楮皮、竹
417	VIII—67	皮纸制作技艺	浙江省龙游县	山桠皮、雁皮
418	VIII—68	傣族、纳西族手工造纸技艺	云南省临沧市、香格里拉县	莞花茎皮
419	VIII—69	藏族造纸技艺	西藏自治区	狼毒（根）皮、白芷皮
420	VIII—70	维吾尔族桑皮纸制作技艺	新疆维吾尔自治区吐鲁番地区	桑皮
420	VIII—70	桑皮纸制作技艺	安徽省潜山县、岳西县	桑皮
914	VIII—131	楮皮纸制作技艺	陕西省西安市长安区	楮皮

萝冬花、檬花树、密蒙花等，枝条常呈三叉分枝，或因此得名"三桠""山桠"。山桠皮各部分都具有较高的利用价值，特别是其茎干上的韧皮，是高级的造纸原料，浙江、云南地区应用较为广泛，日本也曾用其制造地图纸、证券纸、名片纸以及印刷上铸铅字用的纸型纸。除造纸用之外，全株皆可药用，茎皮可制人造棉，枝条可作编织用，亦可作为出色的观赏植物。山桠皮产于浙江、江西、湖北、四川、云南以及西藏等地。早春花木，高1至2米；枝为三叉状，叶互生，有短柄，广披针形，长10至14厘米，先端尖，基部尖锐，表面有细毛散生，背面粉白色；秋末落叶后，枝梢各下垂一团花蕾，到第二年春季

山桠皮

开花, 花鹅黄色覆盆状, 长2厘米许, 外面密生绢状的茸毛, 先端四裂, 雄蕊8枚, 雌蕊1枚; 果实卵形, 两端有短茸毛。播种、插条、压条、分株等法均可繁殖, 一般3年即可收获。喜半阴, 亦耐日晒, 耐寒力较差; 不耐水湿, 排水不良容易导致根部腐烂; 生命力强, 病虫害少, 无须特殊管理。

雁皮, 正名为浙雁皮, 别名山棉, 俗称野棉皮。雁皮是一种野生植物, 其茎干的韧皮纤维可为优良的造纸原料, 并可药用。浙江温州、衢州及贵州均有用雁皮制造皮纸的传统。《中国造纸植物原料志》记载, 二十世纪中期, "温州蜡纸厂、衢州皮纸厂、杭州浙江皮纸厂等已利用此皮或掺用桑皮、构皮等制成铁笔蜡纸、复写纸、打字蜡纸和珍贵的云母带纸, 质量很高", 故 "苏联专家称誉浙江皮纸为纸中王牌"。雁皮产于浙江、广西、贵州、云南、四川、山西等省、自治区, 分布较为广泛。它是一种落叶灌木, 全株有绢状茸毛, 一般高约2米, 多年后能长到3米; 茎干直立, 分枝较少; 叶互生, 卵形, 先端渐尖锐, 基部圆形, 有短叶柄; 夏季开花, 簇生叶腋, 花很小, 黄色, 有花萼, 萼片黄色, 四裂, 萼的筒部白色, 生有很多细毛; 花谢后结实为圆粒状。种子

雁皮

于春、夏发芽，幼年时生长很快，后逐渐减慢，通常生长在较潮湿的
灌木丛中。

稻草（Oryza sativa）为水稻的秸秆，江浙地区称之为"穰草"，
极为常见。以稻草和麦秆为主要原料的纸张叫"稻麦纸"，龙游皮纸
仅以之为辅料，并可以龙须草替代。稻草的纤维平均长宽比为114，
是比较差的造纸原料。

稻草

龙须草（Juncus effusus）又名羊胡子草、蓑草，灯芯草科灯芯草
属，全国大部分地区均有生长。其纤维细长且韧性强，木质素含量
低，纤维素含量高，容易成浆和漂白，在草本植物造纸原料中属于
较优质原料。龙须草秆丛生，株高0.4至1.5米，草秆为圆柱形，内部

龙须草

充满乳白色轻髓；叶退化，芒刺状，植株下部有鳞状鞘叶。常生长于土壤湿润的河滩、沼泽、溪渠等地区。除了造纸以外，龙须草还可药用，可制作人造棉、人造丝，可编织成器。

上述植物材料要成为可用的纸浆，还需要经过一系列的物理过程和化学反应，这就需要其他材料的帮助。比如山桠皮脱胶时要先浸水发酵五天，再用稀碱液蒸煮。雁皮的韧皮与木质分离时要大量用水，具体过程为：将枝条放入水中浸两三个小时后移入木桶中，将木桶倒置于锅中，锅内预盛适量的水，锅口四周用草圈密封，生火蒸

煮，待水沸腾后，弱火蒸两小时，然后取出，加冷水，使韧皮层与木质层分离。这些辅助材料的使用，有的是为了去除纤维中不适合成纸的部分，有的是为了加速造纸过程，有的是为了漂白纸张，有的是起悬浮剂的作用⋯⋯它们主要有水、石灰、草木灰、各种"纸药"、苛性钠或硫酸盐等。

[贰]制作工具和设施

制造任何器物，都离不开工具和设施。传承人是传统技艺的传承主体，工具则是技艺传承的物质载体。人的能力在特定情况下是有限的，这就需要工具的保护和协助，工具即是人的能力的延伸。工具本身的制造带有技术性和审美性，工具的使用更是凝结着某种技艺的技术特征。相关技艺的各种工具和设施，构成了技艺得以存在和延续的"生产空间"，和技艺传承实践一起形成了所谓的"文化空间"。不同的技艺，拥有不同的生产空间；相同或类似的技艺，因为地域因素，其使用的器具和生产设施也会有所不同。

龙游皮纸制作技艺就有着与实践相适应的各种工具和设施，显示出独特的造型和价值，主要有山刀、刮皮刀、漂洗池、蒸锅、两齿耙、择皮帘、料池、料筐、料袋、磨碾（水碓）、压榨床、胶塘、木槌、胶地、木桶、滤胶袋、纸帘、帘床、槽角、帘床档、上下纸筒板、筒皮席、塘耙、四缺口、棕刷、角尺、二档算盘、靠桩、压榨床、纸筒架、条盘、刷把、羊蹄子、水壶、水桶、压纸硬木棒、择纸台、撢把、木尺、裁纸剪刀、秤、压纸硬方木等。这些工具和设施，大致可分为皮料准备用、皮料制作用、纸张成型用和后期处理用四类。总的来说，它们具有适用性、人性化、便捷性的特点。适用性主要指特定的工具和设施被用于皮纸制造的各个环节中，各有功用。人性化主要指这些工具和设施的大小、高低、粗细等都充分考虑造纸艺人的身体结构和生理特征，在不影响造纸质量的前提下，尽可能减轻操作者的体力消耗，使人和工具完美配合，显示出技艺的纯熟。便捷性主要指这些生产工具大多就地取材，或将生产设施建于原料充足的地区，巧妙利用环境因素，为皮纸制造提供方便。下文将一一介绍其中的代表性工具和设施。

1. 山刀：弯月形，刀刃薄，刀背稍厚，刀把与约一尺长的木棒连接，用于砍伐山桠皮，去除树叶和细小枝干。采伐人员作业时，通常

山刀

于腰间系一根麻绳，山刀不用时便别于背后麻绳内，以腾出双手。

2. 刮皮刀：方形，刀刃薄，刀背稍厚且嵌入等边圆木中，方便手握，用于刮除皮料外层的表皮组织。作业时，将皮料铺平，表皮朝上、洁白韧皮朝下，置于长条凳或水中石头等承受物上，左手抓住树皮根部，右手持刮皮刀，用力刮掉表皮，不断推进，直到整块韧皮洁净。

3. 漂洗池：一般以天然流水来漂洗，也有用石料或砖砌成的漂洗池（有进水、出水闸门），主要用于清洗、浸泡皮料。

刮皮刀

漂洗池

蒸锅

4. 蒸锅：旧时称楻桶（见《天工开物》）或篁锅，用于蒸料。现在蒸锅通常以混凝土筑成，呈长方体，高两米许，一侧有台阶，方便放料和取料。主要由灶台、火膛、火门、烟道、铁锅、蒸笼（挡板）等组成，放置皮料区的空间比较大。作业时，顶端要有封盖物，以增温保温。

5. 石臼：平沿，鼓腹，圈足，双耳，厚壁，通体为石质，大小不一，用于砸碎、捣烂皮料。作业时，通常两人配合，一人手持木槌，不断砸击石臼内的韧皮，一人手持竹竿，适时翻动韧皮，使均匀捣碎。

6. 磨碾：主要由石碾和磨盘两部分组成，前者通过铁轴连接后者于中心，滚动时磨碎皮料，形成浆料。

石臼

磨碾

纸槽

7. 纸槽：用于盛放纸浆和进行抄纸作业的方形槽。旧时用石板砌成，遍涂石灰以防漏水，下端有出水小孔；现在多为混凝土砌成，并于表面贴瓷砖，美观实用。

8. 纸帘：竹质，纸张成型的关键工具。一般为成品，也有的可自由拆卸。由边框和帘面两部分组成。有不同的帘纹和幅面，根据帘纹中竹条的粗细可分为粗纹、稍粗纹和细纹三种，根据幅面大小可分为大、稍大、小几种，根据所造纸张的大小选择，一般为四尺整张和四尺对开。幅面小的可一人操作，较大的需要两人共同操作。

纸帘

压榨床

9. 压榨床：也叫纸榨，木质，是根据杠杆原理制作而成的去除纸中多余水分的工具，其压力可达数千斤。

10. 鬃毛刷：有点像扫帚，但比扫帚柔软许多，用于把皮纸贴附到铁墙上，一边贴皮纸，一边用鬃毛刷从上到下平稳地刷。没它的话，湿漉漉的皮纸很容易起泡，影响质感。

鬃毛刷

11. 火壁：为宽大、平整、光滑的墙壁，用于烘干纸张。多与造纸场所的墙壁合二为一，也有专门建造在室内的。

火壁

四、龙游皮纸的制作工艺流程

龙游皮纸的制作分为皮料制作流程和纸张成型流程两大块，具有耗时漫长、制料精细、工序繁复、技与艺通等特点。

四、龙游皮纸的制作工艺流程

[壹]制作流程

　　龙游皮纸的制作分为两大流程和三十多道工序。第一道流程为皮料制作流程，主要有砍条、蒸料、剥皮、刮皮、踏洗、摊晒、蒸煮、揉洗、挤压、摊晒、洗涤、打料、选皮、洗涤、晾干、袋料、榨料等工序；第二道流程为纸张成型流程，主要有皮料下槽、划槽、加汁、搅拌、捞纸、榨纸、焙纸、检纸、切纸、包装入库等工序。这两大流程可分解为五个过程，依次为原料预处理、原料再处理、制浆、捞纸和纸的后处理，分述如下。

　　1. 砍条：砍条的最佳时节是初夏和中秋。选择生长期在2至3年以上的山桠树，整根砍下，余下的来年会再发。高度低于0.3米的小树

砍条

不宜砍伐。采取隔年或隔两年砍法，这样会越砍越旺，保证原材料持续不断地供应。

2. 蒸料：将砍下的山桠皮大致去掉细枝和树叶后，置于蒸锅内蒸2至3小时。这是为了方便韧皮的剥离。

蒸料

剥皮

  3. 剥皮：待冷却后，将山桠皮从蒸锅内取出，逐根剥皮。剥皮
时，要从树干下部开始，整条撕下，尽量不要弄断。一棵植株一般可
以剥皮2至3千克，有些粗壮的甚至可达5千克以上。

  4. 刮皮：剥下的树皮上还有青褐色的外表皮，其中含有果胶、
木素、色素等不利于造纸的成分，要将其刮除干净。可边刮边用水冲
或浸泡，尽可能刮净。

刮皮

5. 踏洗：将刮好后呈洁白条状的韧皮扔进河水中，揉搓、踩踏，将其中不利于造纸的物质尽可能冲洗掉。

踏洗

6. 摊晒：将踏洗好的山桠皮放在阳光下曝晒数天，直至干透。这是利用日光和大气中的臭氧对山桠皮进行漂白。此工序和上一道工序可依据具体情况反复进行。

7. 蒸煮：将晒干的山桠皮浸透石灰水，放入蒸锅内蒸煮。一般需蒸2至3天。

摊晒

蒸煮

8. 揉洗、挤压、摊晒、洗涤：熄火12小时后，用铁钩取出皮料放于水边，用手和脚轻柔地对山桠皮进行反复清洗，使皮料充分散开，去除表皮杂质和石灰，然后用水浸泡，洗净，打成小把进行晾晒。

9. 打料：将韧皮放入石臼，充分捶打，使之松散，并再次进行洗涤和晾晒。

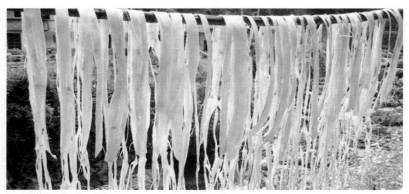

揉洗、挤压、摊晒、洗涤

打料

10. 榨料：用磨碾反复压榨皮料，在此过程中需加入适量的水，直至完全碾碎，皮料和水形成浆料。

11. 下槽、划槽、加汁、搅拌：将适量浆料放入纸槽，加水，加纸药，搅拌均匀。

榨料

下槽、划槽、加汁、搅拌

捞纸

捞纸

　12.捞纸：将纸帘斜插入纸槽中，适时提出，水从竹条间隙流出，在帘面上形成湿纸。作业时，要求操作者做到手、眼、心一致，一气呵成，捞纸一张、两张、三张甚至上百张，叠成方方正正的湿纸垛，散发水分。

榨纸

　13.榨纸：把捞出来的纸放入特定的压榨机中，将水分压干。现在的压榨工具的工作原理类似千斤顶，用很小的力就能将纸浆中的大部分水分榨干。一般来说，压榨环节压出的水分越多,后期的焙纸就越容易操作。以前压榨要用巨石,常常因为操作不慎导致纸张破损。

14. 焙纸:对半干的皮纸进行进一步的干燥。用鬃毛刷蘸水,对着特制的"烘墙"将纸刷在上面,要刷平整,避免起皱,两分钟后即可取下。以前,烘墙的方式是柴火加热,不仅不环保,温度也很难控制。现在的墙体大多为电加热,受热均匀,更易于控制。墙体的温度依据季节而定,一般夏天温度稍低,冬天则高一些。

焙纸

15. 检纸、切纸、包装入库：检查纸张质量，按照要求进行裁切，最后包装。

这些工序看似简单，实则复杂，饱含着造纸艺人的劳动智慧和工匠精神。

检纸、切纸、包装入库

[贰]制作特点

　　龙游皮纸的制作具有耗时漫长、制料精细、工序繁复、技与艺通等特点。

　　耗时漫长，主要指从原料采伐到原料纤化（皮料制作）、纸张成型、产品包装的整个过程需要很长的时间。上好的原料是树龄2至3年的山桠皮，若想造出好纸，就需要耐心等待山桠皮生长。皮料制作需要经过二十多道工序，部分工序对温度和湿度有较为严格的要求，仅蒸料一项，就需要2至3天，晒皮如果遇上雨晦阴天，则要耗费更多时间。纸张成型也需要经过十多道工序，尤其是晒纸，旧时没有烘焙设备，只能依靠日晒，旷日持久。

　　制料精细，是指选择原料、蒸煮打料等过程中要综合把握各种因素，尽量不损伤原料，避免形成残次产品。山桠皮采来后，要经过细致的挑选，上等枝条较粗，皮上有光泽，且无过多疤痕。蒸料的时候对火候有严格的要求，如果火大，把皮料蒸得过熟，就会伤害皮料，导致所造纸张缺乏拉力且光泽不足，火太小亦不能达到要求。其他工序也有相应的"指标"规定，力求制作出上好的造纸纤维。

　　工序繁复，主要指龙游皮纸的制作需要经过三十多道工序才能完成，对人力、物力都是极大的挑战。

　　技与艺通，主要指在龙游皮纸制作的工艺流程中，每一道工序都由造纸师傅手工操作，其中有些非常微妙的细节，全靠造纸师傅

　　的观察和体会，需要制作者有较高的悟性、娴熟的技术和长期的经验积累。如原料加工大都采用日晒、雨淋、露炼等方法，自然天成，没有具体的指标与参数，只能凭眼观和手感进行判断。再如在捞纸过程中，帘床入池的深浅、打起的浪花大小和纸浆入帘的多少等等，也只能凭借造纸师傅的经验来把握。造纸师傅的手感和手法、眼光和体悟直接影响到皮纸的质量。因此，龙游皮纸的制作过程不仅是一个技术操作的过程，甚至是一个艺术创造的过程。

五、龙游皮纸制作技艺的传承与保护

自二十世纪六十年代始，工业造纸迅速发展，民间纸槽锐减，龙游皮纸制作也在这时急速转向低迷。目前，龙游县南部山区仍然存在少数手工皮纸制作作坊，但规模不大，亟须保护。

五、龙游皮纸制作技艺的传承与保护

[壹]传承谱系与代表性传承人

一、传承谱系

工艺的生命在于传承。龙游皮纸制作技艺从历史中走来,延续至当下,正是由于无数传承人的世代相承。我们想要追问是哪些造纸人发现了皮纸原料,想要求证是哪些造纸人完善了皮纸技艺,想要了解是哪些造纸人传播了皮纸文化……甚至那些没有什么特别的贡献,仅仅是身体力行地实践着这一古老技艺的无名工匠,都值得我们怀念。然而,历史总是习惯性地忽略这些默默无闻的工匠,民间艺人及其作品很少见于文献记载。因为他们的手艺往往"自产自用",或流通于市井乡村,不像那些为宫廷、贵族、宗教服务的匠人,或许偶尔因为牵扯到"上层人"的生活而留下只言片语。即使是作为贡品的民间工艺品,也不会留下某个人的姓名,而是冠以"浙之衢州""浙人""婺州贡藤纸""龙游多烧纸"等称谓。如今,我们多方求证,搜集到了一些龙游皮纸造纸艺人的信息。当然,这些名字在整个龙游皮纸制造史上不过是冰山一角,甚至比例几近于零,但让我们姑且以他们为历史的代表,去看看这一堪称伟大的传承。

第一代 刘榕森，男，汉族，生于1831年，卒于1918年，沐尘乡渡头村人。

第二代 陈瑾田，男，汉族，生卒年不详，沐尘乡渡头村人。

刘宗铭，男，汉族，生于1896年，卒于1968年。

付得得，男，汉族，生卒年不详，沐尘乡渡头村人。

第三代 毛华根，男，汉族，1917年生，自小跟从师傅学艺。

毛元福，男，汉族，1922年生，沐尘乡渡头村人。

第四代 徐昌昌，男，汉族，1943年生，高中毕业后从师傅学习造纸。

万爱珠，女，汉族，1951年生，高中毕业后从师傅学习造纸。

第五代 钱金伟，男，汉族，1966年生，初中学历学艺。

徐小军，男，汉族，1977年生，初中学历学艺。

柴建坤，男，汉族，1969年生，初中学历学艺，能较好地掌握和操作龙游山桠皮、雁皮纸制作技艺的各道工序。

徐晓燕，女，汉族，1960年生，高中毕业后从师傅学习造纸。

徐晓静，女，汉族，1971年生，华南理工大学毕业后从师学艺，能较好地掌握和操作龙游山桠皮、雁皮纸制作技艺的各道工序,并参与研究开发新品种。

二、代表性传承人

万爱珠 女,汉族,1951年生,高中学历,中共党员,国家级非物质文化遗产代表性项目(龙游皮纸制作技艺)代表性传承人(第四批)。她于1972年进入龙游宣纸厂的前身龙游沐尘造纸社,跟随毛华根、毛元福等老一辈造纸师傅学习皮纸制作。在历时三年的学习磨炼中,她从熟悉原料挑选、制作配方开始,先后掌握了原材料制作、各式皮纸的捞制、榨纸、焙纸、检纸等全套技艺,成为一名技艺精湛的龙游皮纸制作师傅,并带出十多名徒弟。二十世纪九十年

万爱珠指导包装皮纸

代，万爱珠成立了自己的公司并担任董事长、厂长。这些年，公司生产出了一大批优质产品，如国色古艺皮纸、画仙纸、山桠皮纸、雁皮纸等等。她组织龙游皮纸制作技艺传承人的大规模培训，使得熟练掌握龙游皮纸制作技艺的工人达四百余人，还成立了龙游皮纸文化博物馆，向公众展示非遗魅力。

徐昌昌　男，汉族，1943年生，高中学历，熟悉本地和外埠各种传统手工造纸技艺，能手工制作各类皮纸。

[贰]龙游皮纸制作技艺的存续状况

《浙江省手工造纸业》一书的材料显示，直到二十世纪五十年代中期，浙江各市县中传统手工造纸生产仍然较为普遍。六十年代，工业造纸迅速发展，民间纸槽锐减，龙游皮纸制作也在这时急速转向低迷。目前，龙游县南部山区仍然存在少数手工皮纸制作作坊，但规模不大，亟须保护。

浙江龙游辰港宣纸有限公司作为龙游皮纸制作技艺的认定保护单位，正在积极采取各种措施，守护这门古老的手工技艺。近年来，由辰港宣纸有限公司牵头，多方团体和个人合力采取了力所能及的措施来保护和传承龙游皮纸制作技艺，并取得了显著效果。

主要措施有：

1. 在东南山区建立皮纸制作原材料生产基地。

2. 2004年，创建龙游皮纸产业文化展示学习基地，供参观、

学习和亲身体验传统手工造纸文化。基地每年接待学生、离退休人员、社会团体等数千人次。

3. 请身怀绝技的老艺人进企业传艺,对老艺人、老师傅实行技艺补贴(每月补贴500至800元),对技艺好且能将技艺传承下去的艺人实行传承补贴(每月补贴800至1000元)。

4. 长期搜集关于传统皮纸制作技艺的文献、资料,搜集流散在民间的传统工艺流程、原料配方和传统造纸器具等。

5. 2006年,浙江龙游辰港宣纸有限公司投入15万元,成立"龙游皮纸制作技艺保护组",对传统技艺进行保护、传承和研发。

6. 2008年,龙游皮纸制作技艺被列入第三批浙江省非物质文化遗产代表作名录,并积极申报国家级非物质文化遗产代表性项目,使龙游这一传统的造纸技艺得到更多的社会关注。

然而,从全局角度考虑,这些措施还远远不够,龙游皮纸制作技艺的存续状况依然面临严峻的形势。龙游皮纸制作技艺工序繁复,流程严格,核心技术与主要工艺都需要高超、熟练的手工技艺。从原料加工到成品纸的制作,每道工序都由手工完成,不仅技艺难度大,而且劳动强度大,特别是学艺周期长,在师徒传承过程中需要徒弟具有很好的悟性,通过刻苦学习与长期实践才能熟练掌握这门制作技艺。如"捞纸",艺徒需要常年和水打交道,虽说造皮纸的原料都是无毒无害的,可皮肤常年浸泡在水中,会起皱与脱皮。手工制作不仅不能借助器械，还不能在手上戴手套等辅助品，任何多余物都将影响到捞纸的"手感"。再如"烘干"，屋中央立一面光滑的铁铸火墙，屋里的温度一年四季都保持在五十摄氏度以上，艺徒要凭借手工将一张张薄如蝉翼的皮纸贴在墙上码平、烘干。整个学艺过程至少要三年。艰苦的条件和苛刻的要求使年轻人大多不愿学习手工皮纸制作技艺，而原先的艺人普遍年龄偏大，直接影响龙游皮纸制作技艺的传承。

另外，随着现代科学技术的高度发展，机械化、自动化的生产也冲击着传统手工制作。龙游县原有数十家手工造纸企业与作坊，近年来先后改手工造纸为机械制造或者直接关闭，现只剩下偏远山区的一些小造纸工场还在使用传统手工造纸技艺。这就造成了龙游皮纸制作技艺的传承困境。

[叁]龙游皮纸制作技艺的保护规划

在谈及如何保护的问题时，首先要看到保护的重要性和必要性。中国造纸史上的一段经典文献或许可以给予我们一些启示，它是唐人舒元舆（791—835）的《悲剡溪古藤文》，文中这样写道：

> 剡溪上绵四五百里，多古藤。株梗逼土，虽春入土脉，他植发活，独古藤气候不觉，绝尽生意。予以为本乎地者，春到必动。此藤亦本乎地，方春且有死色，遂问溪上人。有道者云："溪中多纸工，刀斧

斩伐无时，擘剥皮肌，以给其业。"噫！藤虽植物，温而荣，寒而枯，养而生，残而死，亦将似有命于天地间。今为纸工斩伐，不得发生，是天地气力为人中伤，致一物疾疠之若此。异日过数十百郡，洎东雒西雍，历见书文者，皆以剡纸相夸。乃悟曩见剡藤之死，职正由此，此过固不在纸工。且今九牧士人，自专言能见文章户牖者，其数与麻竹相多……比肩搦管，动盈数千百人，数千百人笔下动盈数千万言。不知其为谬误，日日以纵，自然残藤命易甚，桑蓁波靡，颓杳未见其止。如此则绮文妄言辈，谁非书剡纸者耶？纸工嗜利，晓夜斩藤以鬻之，虽举天下为剡溪，犹不足以给，况一剡溪者耶？以此恐后之日不复有藤生于剡矣。大抵人间费用，苟得著其理，则不枉之。道在则暴耗之过，莫由横及于物。物之资人，亦有其时，时其斩伐，不为夭阏。予谓今之错为文者，皆夭阏剡溪藤之流也。藤生有涯，而错为文者无涯。无涯之损物，不止于剡藤而已。予所以取剡藤以寄其悲。

百里藤林砍伐殆尽，昔日繁茂一片，此时只剩枯桩，怎不叫人悲哀？剡藤纸名满天下，当地的生态环境却遭到了破坏，没有了藤，也就没有了藤纸。这告诫我们要有环保的意识，要从原料的合理利用和适度采伐开始，保护传统手工技艺。

时至当下，传统手工技艺的生存背景与当时迥异。在那时，剡藤纸供不应求，现在却恰好相反，龙游皮纸制作技艺等传统造纸技艺因为市场急剧缩小而濒临失传，这种情况更为严峻。面对着现代化进程的加快和工业化的巨大冲击，传统手工技艺的立足之地越来越小。龙游皮纸制作技艺作为地区独特文化的代表，受到文化标准化的压制；作为农业文明和农耕文化的成果，受到工业文明的破坏；作为民族文化自信的源泉，受到世界强势文化的侵蚀。标准化、工业化、城市化看似世界发展的潮流，但世界范围内的这些问题困扰了整个世界文明和文化的健康发展，影响到人类社会的全面进步，如果不能协调有序地处理好，甚至还将影响社会发展的成果。因此，我们有必要对龙游皮纸制作技艺作一个全方位、长远性、科学化的保护规划。

一是树立科学的保护意识，发展龙游皮纸的"双轨制"存续方式。首先要认识到，龙游皮纸制作技艺的保护不是一个暂时性的项目实施，而是一个长久性的保护工作，不可急功近利，尤其是不能像保护物质文化遗产那样，孤立保存相关实物证据，更不能有极端现实主义倾向，在"国遗"称号下发展名不副实的滥用行为。龙游皮纸制作技艺应当正视现代语境，形成适合当下市场的生产方式，即现代化机械生产。但同时，不能丢掉传统制作方式，本真性、可持续性的保护极为重要。"双轨制"的内涵就是要求传统制作与现代生产两条生产线并行，适应不同市场需求，创造传统皮纸制作技艺的生存环境。这就需要制造出高质量的传统手工皮纸，并通过品牌建立、市场营销等手段，发掘传统手工皮纸的市场份额，扩大龙游皮纸的社会影响力和文化辐射面。在搜集民间传统工艺流程、原料配方和传统造纸器具等有关资料时，应避免狭隘的"收藏""增值"思维，而是要引导资料拥有者重新拾起皮纸制作技艺，并为他们的产品提供销售渠道。这需要有关人员的不懈努力。

二是提高文化的自信意识，营造龙游皮纸的文化氛围。龙游皮纸制作技艺是龙游县具有历史价值、科学价值的优秀传统文化的代表，是创造者智慧的结晶，具有鲜明的地域特征。应当使这种文化遗产成为当地人普遍认可的共同骄傲，并形成全民保护和传承的意识。这就需要龙游皮纸制作技艺与当地人的物质生活和精神生活产生某种深刻的联结。可以建立龙游造纸文化博物馆等领域圈，并使之成为民众观看、教育、体验、游玩、休憩的重要场所。亦可通过城市广告、主题公园、道路、雕塑、展示栏等手段，营造皮纸文化氛围，增进民众对皮纸的认知和感情。最为重要的是让民众在保护的过程中生活质量有提高，思想精神有愉悦。应该使身怀传统皮纸制作技艺的老艺人受益，保护和帮扶其生活和生产，让其发挥好传承作用，培养出新一代造纸艺人。

三是统筹各方有效资源，提供专业的人力、优质的物力和可观的财力保护龙游皮纸制作技艺。政府部门应该从"文化工程"的高度出发，严密组织、合理规划、精心实施，在每年的政府工作计划中，留出一些精力用于龙游皮纸制作技艺的保护与传承工作，并将保护资金列入地方财政预算，加大资金投入，建立合理有效的资金保障机制，主要用于皮纸艺人的生活保障、皮纸制作后继人才的教育经费、皮纸原料产地的生态环境保护等方面。相关保护单位要有意识提高保护工作的能力和水平，必要时聘请相关专家进行指导，形成一支高水平的龙游皮纸制作技艺保护和传承队伍。

龙游皮纸制作技艺的保护任重而道远，不能一蹴而就，亦不能推脱怠慢。其中的相关细节还需要有识之士的建议和完善，将这份功在千秋的事业逐步推进，将这份传统手工技艺有序传承。

附录

[壹]龙游商帮文化

明清时期,中国商品经济蓬勃发展,商人群体化参与商业活动,其著者明代有徽商、晋商、洞庭商、江右商、龙游商,至清代又有陕商、山东商、广东商、闽商、甬商,这就是明清十大商帮。

龙游商帮,萌发于南宋,兴盛于明代中叶,以经营珠宝业、贩书业、纸张业闻名。从广义上讲,龙游商帮是指浙江衢州府所属龙游、常山、西安(今衢江区)、开化和江山五县的商人,其中以龙游商人人数最多,经商手段最为高明,故冠以"龙游商帮"之名,简称"龙游帮";而从狭义上讲,龙游商帮就是今浙江省龙游县的商人群体。龙游县被衢江分为龙南和龙北,这条明显的地理界线也成了当时的一条社会界线,因为"南乡稍有竹木纸笋之利可以贸易他郡",龙南乡人多从事农业耕作,而龙游北乡几乎没有什么出产,龙北乡民则善于行商,"故北乡之民率多行贾四方,其居家土著者不过十之三四耳"。

衢州地处浙、赣、皖、闽交界之地,交通方便,素有"八省通衢"之称,"西通百越,东达两京",水陆两便。境内有毅仁驿、亭步水马

驿配置，又有水安铺、湖头铺、阳坑铺、福地铺、高敬铺、乌头铺等，
而号称"四省通衢、五路总头"的衢江，更是当时贸易的黄金通道。
便捷的商路保证了贸易的顺利进行，促进了商业的进一步繁荣，这
是形成龙游商帮的客观条件之一。

明代士商交通几条主要线路

① 北京、南京—杭州—福建　驿路

（经杭州—严州—兰溪—衢州）

② 南京—杭州—福建　水路

③ 处州—龙游—衢州　陆路

④ 杭州—常山—玉山—江西南昌　水陆路

⑤ 衢州—浦城—建宁府　水陆路（过江郎山、仙霞岭）

⑥ 徽州—开化—常山　陆路

⑦ 徽州—常山—建宁府　水陆路

⑧ 杭州—江山—福州　水陆路

明清时期，衢州府辖西安、龙游、常山、开化和江山五县，辖内
山多地少，所产粮食甚至不能满足本地所需，但"民富于山"。民众
主要依靠丰富的山区土产以自给，而丰富的山区土产也成为商人趋
之若鹜的主要目标。尤其是徽商，随着贸易对象和范围的扩大，家
乡的土产远远不能满足日益扩大的市场需求，他们就把眼光转向邻
府。在衢州府的土产中，贩卖杉木获利最大，明代中叶时，贩卖杉木

的利润最高可达每年近十万两白银。茶叶是徽商贩运的另一种重要商品。衢州各县都产茶，如龙游的方山茶、江山的江郎茶和开化金村所产的茶叶等。

龙游南乡栽竹甚多，"民间全赖山竹造纸，借以为生"。造纸业已成为龙游及周边县的一项重要手工业，手工纸的产量也相当可观。早在唐代，龙南山区手工抄造的元书纸就被列为贡品。至宋室南迁，定都杭州，中原一带达官贵人、名流学者相继南下，江浙商贸、印刷业兴起，造纸业随之兴起，时龙游所产纸品种多达九十余个。明嘉靖三十一年（1552），龙游四乡有造纸槽户十余家，争相推出各种优质名纸，各地商人纷纷在龙游开设纸行，收购纸张外销。龙游南乡的溪口村就是当时一个很大的纸张贸易市场，由于客商聚集，"其村之繁盛，乃倍于城市"。明清时，仅龙游南屏纸年销量就达十万余石，远销山东、河南、天津、营口等地。北方人喜用质地挺括、价格低廉的南屏纸裱糊窗户，以挡风寒。"傅立宗""黄宾顺"都是当时很硬的牌子，产品销路好。除了手工纸，龙游的油蜡、青炭也大量输出，与南屏纸合称为"龙游三虎"——白老虎（油蜡）、黄老虎（南屏纸）、黑老虎（青炭）。

丰富的物产使徽商将龙游及周边等县视为原料产地，将木材、茶叶、纸张等大宗山货运往他方贩卖获利，另一方面，他们又从外地运入当地所需用品，在龙游设肆坐贾取利，龙游"其稍大之商业皆徽州、绍兴、宁波人占之"。在徽州商人运入的货物中，盐占了很大的比重。另外，徽商在衢还经营典当等行业。

在衢州府的府志及龙游县志中，有不少商人在龙游经商并定居，进而由流寓入籍当地的记载。如李寿，婺源人，元至元五年（1268）在龙游行商，入赘王氏，迁于县北居住。到了明清，徽商在龙游一带经商的例子比比皆是。除徽商外，还有江右商人、宁（波）绍（兴）商人和福建商人。龙游本地商人心态开放，不排斥外地商帮对本乡的渗透，并且善于吸收外地商人入己帮，正是这种海纳百川的度量，成就了龙游商帮的崛起。

不管这些外地客商及其后裔入籍与否，他们在客居地长期生活，必然会给客居地带来不同程度的影响。明代中叶尤其是万历后，徽人"流寓五方"，"业贾遍于天下"，促进了客居地的经济发展，当地人收入增加，受外界的影响越来越大，与外界的联系也不断加强。龙游商帮几乎与徽州商帮同时崛起。龙游人"往往糊口四方"，"贾挟资以出守为恒业，即秦、晋、滇、蜀，万里视若比邻"，于是就有了"钻天洞庭遍地龙游"之谚。同时，龙游商帮融入了徽、闽、江右等地商人，这些外籍商人的加入推动了龙游商帮的发展。这时的龙游已到了"农贾相半"的程度，商业被抬升到空前的地位。

龙游商帮经营项目

类　别	销售范围	重要集镇、代表商行或人物
纸　商	江苏一带	溪口镇
书　商	浙江、江苏、河北、山东、京师	明代龙游书商、藏书家童佩
粮食商	毗邻各省	茶圩米市
山货商	全国及东南亚各国	胡同和号
药材商	毗邻地区	滋福堂药店
丝绸棉布商	湖广一带	姜益大广货店
珠宝商	京师	
海外贸易商	日本及东南亚各国	
边贸商	远销缅甸、印度	在云南姚安地区垦荒经商

　　龙游商帮从不起眼的小角色进而跻身十大商帮之列，与他们自身的许多特点是分不开的，也是他们自身发展的必然。

　　首先是坚强的意志和持久的经商理念。龙游人不辞艰辛，不怕路途遥远。龙商虽不及徽、晋商人富有，但他们的经商区域之广大却是其他商帮所不及的。他们不仅活跃在江南，还涉足北京、湖南、湖北和福建、广东诸地，而且一直深入到西北、西南等偏远省份。据有关文献记载，明成化年间，仅云南姚安府（即今云南楚雄彝族自治州西部）就聚集了浙江龙游商人和江西安福商人达三五万人。龙游商人中有许多是整个家族几代从商，积累了丰厚的财富和贸易资源。如胡贸一家世代为书商，他本人又是一位善于校雠编刻的印书家。

儒商童佩也是如此。其祖父永良"贸易闽广，遂成富有"，其父、叔亦"往来闽粤吴中，多财善贾"，父彦清是一个"儒雅"书商。童佩少年时随父贩书于苏州、常州、杭州及无锡等地，后来便继承父业，贩书为生。他还自己编书刻书，辑成徐安贞、杨炯等乡邦文化名人的文集，刻印出售。

二是龙游商人在经商过程中讲究策略和方法。有关龙游商人在经商方面斗智斗勇的故事有很多，他们能在穷困潦倒的情况下，依靠自己的勤劳和智慧发家致富，朱世荣可说是其中的一位代表人物。少年时的朱世荣是个浪子，因为好赌，被父亲赶出家门，去了常州。起初的商业活动并不成功，但是他并没有放弃，终有一次抓住机遇，凭着果敢的作风和丰富的经验获得了成功，成为常州的大富翁，资产占常州府及所属三县的一半。回到家乡后，他继续从事商业活动，成为常州、衢州两府的首富。

龙商中有很多珠宝商人，常需乔装打扮，看似衣衫褴褛的乞丐，包裹里却是价值连城的珠宝玉石："龙游善贾，其所贾多明珠、翠羽、宝石、猫眼类较（软）物。千金之货，只一身自赍京师，败絮、僧鞋、蒙茸、褴褛、假痈、巨疽、膏药内皆金珠所藏，人无知者。异哉！贾也。"如珠宝商童纶，从小就随父亲贩卖珠宝，挟带宝货过关津，二十多年往返没有一次失手。

龙游商人还能够根据市场行情的变化及时调整产品价格，以

少积多；能够以赊账的形式开辟市场；重视人际关系的培养，不急于向欠款的人催账，而是以另外的公关形式来解决。龙游商帮的经营理念还表现在投资上的敢为天下先精神。明清时期，许多商人用经营商业赚得的资金购买土地或经营典当、借贷业，以求稳定的收入，而龙游商人敏锐地意识到，要获得更多的利润，必须转向手工业和矿业。他们果断地投入纸业、矿业的商品生产，或者直接参与商品生产，使商业资本转化为产业资本，在当时的封建社会形成了带有雇佣关系的新型生产关系。

三是以诚信赢得声誉。恪守诚信是龙游商人成功的根本保证，他们从小受到职业道德教育。如叙仁《毛氏宗谱》卷一"条规"："工百技艺各宜量才量力为之，切勿图高射利，务要勤谨经营，至于极小生涯亦可度日，惟在有恒，兼而忍耐，则业精而家道成矣。平生须要诚实，交易务在公平，与肩挑贸贩毋占便宜，不可弄计过取他物。"人们鄙视那些缺斤短两、以次充好的经商者。那时，龙游商人已经有了树立自己"品牌"的意识。在龙游商帮内部，他们很早就拥有自己信得过的钱庄，也拥有许多在业内叫得响的牌子，这些也促进了龙游商帮的发展壮大。

龙游商人胡筱渔经营姜益大棉布店，恪守信用，被誉为"金衢严三府第一家"。胡筱渔以诚实守信来要求每一个员工，坚持薄利多销、童叟无欺的原则，在交易中使用硬通货——银圆，为防止有假，还特聘三名验银工，经检验后加印"姜益大"印记，以示信用并对顾客负责。一次，他向海宁布庄订购了七千五百匹石门布，价值高达六万银圆，卖方在运货途中遭劫，这本是卖方之事，而胡筱渔却说，既已达成交易，就要由自己负责，当即支付海宁布庄六万银圆而再次订购。海宁布庄深受感动，双方互让，结成良好关系，姜益大棉布店在海宁等地获得良好信誉，后来货源紧张时，海宁布庄全力支持姜益大，使之渡过难关而生意兴隆。

诚信为本，勇于开拓，开放包容，这不仅是历史上龙游商帮崛起与发展的必然要素，也是今天的龙游新商帮所应秉承的传统。

（黄力、王良春）

[贰]龙游皮纸与文化名人

龙游的纸在唐代就进贡朝廷，之后随着龙游商帮的崛起而愈加广泛地被各界使用，尤其作为高档书画用纸，在文人雅士中备受称赞。它不仅丰富了龙游当地文人的书画创作，也被外地从业者热爱。启功先生就于1989年书写"龙游佳制艺称殊，挥洒云烟笔自如，移得后山名句赞，南朝官纸女儿肤"的诗句，赞美龙游皮纸的制作精良，这是对龙游皮纸极高的评价和激励。另外，陆俨少、沙孟海、谢稚柳、郭仲选等书画大家都对龙游皮纸赞誉有加，可以说，作为优质载体的龙游皮纸，为他们的书画创作和传播贡献了一份不可忽视的力量，同时，他们的作品也铺成了一条龙游皮纸的发展之路。现将其中代表举例如下。

1. 徐伯珍（414—497），字文楚，南朝太末（今龙游）人。因其对乡邦文献影响巨大，太末县地域后来为他和龙丘苌、徐安贞立三贤祠祭祀。《南史·列传第六十六》记载："徐伯珍，字文楚，东阳太末人也。祖、父并郡掾史。伯珍少孤贫，学书无纸，常以竹箭、箬叶、甘蕉及地上学书。山水暴出，漂溺宅舍，村邻皆奔走，伯珍累床而坐，诵书不辍。叔父璠之与颜延之友善，还祛蒙山立精舍讲授，伯珍往从学。积十年，究寻经史，游学者多依之。太守琅邪王昙生、吴郡张淹并加礼辟，伯珍应召便退，如此者凡十二焉。征士沈俨造膝谈论，申以素交。吴郡顾欢摘出尚书滞义，伯珍酬答，甚有条理，儒者宗之。好释氏、老、庄，兼明道术。岁尝旱，伯珍筮之，如期而雨。举动有礼，过曲木之下，趋而避之。早丧妻，晚不复重娶，自比曾参。"

2. 徐安贞（698—784），初名楚璧，字子珍，信安龙丘（今浙江龙游）人。唐朝进士，检校工部尚书，中书侍郎（中书令缺，同宰相职）。尤善五言诗。《全唐诗》中收录其作品十一首。其中有《奉和喜雪应制》："两宫斋祭近登临，雨雪纷纷天昼阴。只为经寒无瑞色，顿教正月满春林。蓬莱北上旌门暗，花萼南归马迹深。自有三农歌帝力，还将万庾答尧心。"

3. 刘章（1097—1177），字文孺，衢州龙游人。宋高宗绍兴十五年（1145）乙丑科状元。少年时，聪颖异于常人，每日诵读数千字。中状元后，任镇东军签判。不久，入为秘书省正字。绍兴十六年（1146），迁秘书省兼普安、恩平两王府教授。执教四年中，专以经义文学启迪教导，自此受知于孝宗。淳熙四年（1177），刘章上表告老，以资政殿学士身份致仕，不久病逝于家中，享年八十岁。朝廷追赠光禄大夫，谥靖文。

4. 余端礼（1135—1201），字处恭，衢州龙游人。高宗绍兴二十七年（1157）进士。历知湖州乌程县，孝宗召为监察御史，迁大理少卿、太常少卿，进吏部侍郎，出知太平州，奉祠。光宗绍熙四年（1193），召拜吏部尚书，擢同知枢密院事。与赵汝愚共赞宁宗即位，进知枢密院事兼参知政事。庆元元年（1195），拜右丞相，二年，迁左丞相，寻出判隆兴府，改判潭州，移庆元，复为潭帅。事见《诚斋集》卷一二四《左丞相余公墓志铭》，《宋史》卷三九八有传。

5. 童佩（1524—1578），字子鸣，一字少瑜，龙游人。家世为书贾。少年随父贩书于苏州、杭州、无锡等地，遇到珍善之本，则鼎力收藏，家藏书有二万五千卷，皆自校勘。与一代名士王世贞、归有光等是莫逆之交。所作诗风格清越，不失古音。亦擅长其他文体，尤善考证书画、金石彝器之类。亦工画，画花鸟逼真。卒后，王世贞

余绍宋《晚秋图》

为他作传，王稚登为其作墓志。辑有乡邦名人徐安贞、杨炯等人的文集，并为之刊刻。著有《童子鸣集》诗四卷、文二卷，辑有《杨盈川集》《徐侍郎集》，又与县人余湘合纂万历《龙游县志》十卷。

6. 余绍宋（1882—1949），号越园、樾园，别署寒柯，浙江龙游县人。民国初，任司法部佥事、参事，同时任国立法政大学教授、国立艺术专门学校校长、国立师范大学教授。在段祺瑞执政时期任司法部政务次长。后绝意政坛，精研金石书画，撰辑书画理论著作，修订方志。为近代著名的史学家、鉴赏家、书画家和法学家。其著作有《书画书录题解》《画法要录》《画法要录二编》《中国画学源流概况》《寒柯堂集》《续修四库全书艺术类提要》《龙游县志》《重修浙江省通志稿》等。

余绍宋《竹》

7. 沙孟海（1900—1992），浙江宁波市鄞州区人。二十世纪书坛泰斗，于语言文字、文史、考古、书法、篆刻等方面均深有研究。毕业于浙江省立第四师范学校，曾任浙江大学中文系教授、浙江美术学院教授、西泠印社社长、西泠书画院院长、浙江省博物馆名誉馆长、中国书法家协会副主席。其书法远宗汉魏，近取宋明，于钟繇、王羲之、欧阳询、颜真卿、苏轼、黄庭坚诸家用力最勤，且能化古融今，形成自己的独特书风。兼擅篆、隶、行、草、楷诸书，所作榜书大字，雄浑刚健，气势磅礴。

沙孟海书法作品

陆俨少画作

8. 陆俨少（1909—1993），现代画家。又名砥，字宛若，上海嘉定南翔人。1926年考入无锡美术专科学校，从王同愈学习诗文、书法；后师从冯超然学画，并结识吴湖帆，遍游南北胜地。1956年任上海中国画院画师，1962年起兼课于浙江美术学院，1980年正式在该院执教，并任浙江画院院长。擅画山水，尤善于发挥用笔效能，以笔尖、笔肚、笔根等的不同运用来表现自然山川的不同变化。线条疏秀流畅，刚柔相济，云水为其绝诣，有雄秀跌宕之概。勾云勾水，烟波浩渺，云蒸霞蔚，变化无穷，并创大块留白、墨块之法。兼作人物、花卉，书法亦独创一格。

9. 谢稚柳（1910—1997），江苏常州人。原名稚，字稚柳，后以字行，晚号壮暮翁。擅长书法、山水、花鸟、人物、走兽及古书画的鉴定。初与张珩（张葱玉）齐名，世有"北张南谢"之说。历任上海市文物管

理委员会编纂、副主任，上海博物馆顾问，中国美术家协会理事、上海分会副主席，中国书法家协会理事、上海分会副主席，国家文物局全国古代书画鉴定小组组长，国家文物鉴定委员会委员等。著有《敦煌石窟记》《敦煌艺术叙录》《水墨画》等，编有《唐五代宋元名迹》等。

10. 启功（1912—2005），字元白，也作元伯，号苑北居士，中国当代著名书画家、教育家、古文献学家、鉴定家、红学家、诗人。曾任北京师范大学教授，中国人民政治协商会议全国委员会常务委员，国家文物鉴定委员会主任委员，中央文史研究馆馆长，博士研究生导师，九三学社顾问，中国书法家协会名誉主席，世界华人书画家联合会创会主席，中国佛教协会、北京故宫博物院、国家博物馆顾问，西泠印社社长。

11. 郭仲选（1919—2008），山东苍山人。书

启功书法作品

郭仲选书法作品

法家、文艺工作组织领导者。新中国成立后，历任中共杭州市委宣传部副部长、市委副秘书长、市委党校党委书记、统战部部长和市人民政府秘书主任、副秘书长、文教局副局长、市政协副主席等职。中国书法家协会第二届理事、浙江省书法家协会主席、浙江省文史研究馆馆长、浙江省书法家协会名誉主席、西泠印社常务副社长。撰有《读画禅室随笔》《清相秀骨话香光》等文。

郭仲选书法作品

[叁]龙游皮纸所获奖项和荣誉

获奖时间	荣　誉	颁发单位
1986年	龙游宣纸厂"寿"牌宣纸被评为浙江省优质产品	浙江省计划经济委员会
1986年	龙游宣纸厂"寿"牌宣纸获浙江省新优名特产品"金鹰奖"	浙江省计划经济委员会
1988年	龙游宣纸厂在1987年度扩大出口创汇工作中取得优异成绩,被评为全国轻工业出口创汇先进企业	轻工业部
1993年	龙游宣纸厂ADD高级龙康手漉画仙纸被评为国家级新产品	国家科学技术委员会等
1993年	龙游宣纸厂手漉和纸研究获浙江省科学技术进步奖优秀奖	浙江省人民政府
2000年	龙游辰港宣纸有限公司"寿"字牌书画纸在第八届全国文房四宝艺术博览会上被认定为中国文房四宝十大名纸之一	中国文房四宝协会
2000年	龙游辰港宣纸有限公司被评为市级农业龙头企业	衢州市人民政府
2000年	龙游辰港宣纸有限公司被评为省"妇字号"龙头企业	浙江省"巾帼建功"和"双学双化"活动协调小组
2001年	在中国国际农业博览会上获名牌产品称号	农业部等
2002年	龙游辰港宣纸有限公司被评为2001年度先进私营企业	龙游县人民政府
2002年	在浙江农业博览会上获优质农产品银奖	浙江省人民政府
2006年	龙游辰港宣纸有限公司为2005年度免检企业	衢州市工商行政管理局
2008年	龙游皮纸制作技艺被列入浙江省第二批非物质文化遗产保护名录	浙江省人民政府
2010年	国色古艺宣纸荣获第二届中国浙江工艺美术精品博览会银奖	浙江省工艺美术行业协会
2011年	龙游皮纸制作技艺被列入第三批国家级非物质文化遗产保护名录	国务院、文化部

浙江龙游辰港宣纸有限公司

你单位 寿字 牌

书画纸，在贰仟年

第八届全国文房四宝

艺术博览会上，被认

定为中国 文房四宝 十大

名纸，特发此证。

中国文房四宝协会

二000年 十一月二十五日

 证　书

万爱珠 同志：

　　被评定为第三批浙江省非物质文化遗产"传统造纸技艺（龙游宣纸制作技艺）"代表性传承人。

编号：03-Ⅷ-554

浙江省文化厅
二〇〇九年九月

 奖励证书

一九九二年度浙江省科学技术进步奖

优　秀　奖

受奖项目：手漉和纸研究
受奖者：龙游县宣纸厂

 万爱珠、黄志清、徐昌昌、张世荣、黄文华

浙江省人民政府
一九九三年

[肆]名人题词

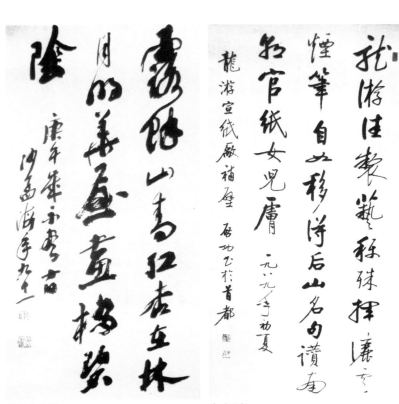

沙孟海题词　　　　　　启功题词

衢州市宣纸厂而造宣纸，用料精好原细下墨温厚色新鲜也，有一种纸用生料着者尤佳故善用之盖生料皆松相宜也

谢稚柳

一九八二年九月廿七日

谢稚柳题词

[伍]宣纸常识

一、宣纸规格计算

（一）书画尺寸规格对照表

1. 小品　33厘米×33厘米　1平方尺

2. 小品　45厘米×33厘米　1.4平方尺

3. 四尺四开　68厘米×34厘米　2.3平方尺

4. 四尺三开　68厘米×46厘米　2.8平方尺

5. 四尺对开斗方　68厘米×68厘米　4平方尺

6. 四尺对开长条　34厘米×138厘米　4平方尺

7. 四尺整张　68厘米×138厘米　8平方尺

8. 五尺整张　81厘米×155厘米　11.5平方尺

9. 六尺整张　96厘米×178厘米　15.6平方尺

10. 八尺整张　122厘米×244厘米　27平方尺

11. 丈二整张　144厘米×366厘米　48平方尺

12. 丈六整张　200厘米×498厘米　92平方尺

（二）常用四尺宣裁切规格表

1. 四尺整张，长4尺（约138厘米），宽2尺（约68厘米）。

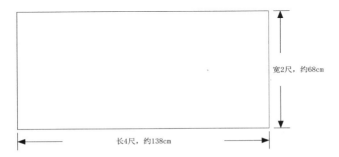

2. 四尺对开（四尺开二），又叫二尺斗方，长2尺（约68厘米），宽2尺（约68厘米）。

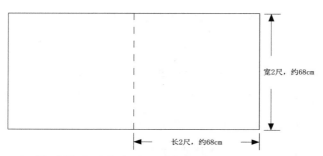

宽2尺，约68cm

长2尺，约68cm

3. 四尺对开（四尺开二），适合写对联，长4尺（约138厘米），宽1尺（约34厘米）。

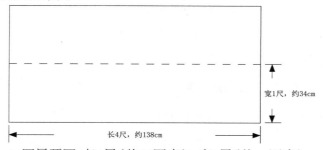

宽1尺，约34cm

长4尺，约138cm

4. 四尺开四，长1尺（约34厘米），宽2尺（约68厘米）。

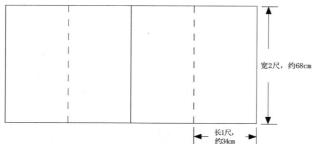

宽2尺，约68cm

长1尺，约34cm

5. 四尺开三，长约46厘米，宽2尺（约68厘米）。

（注：这是常用尺寸）

宽2尺，约68cm

长约46cm

6. 四尺开八（四尺斗方），长、宽均为1尺（约34厘米）。

（注：这是小品和册页的尺寸）

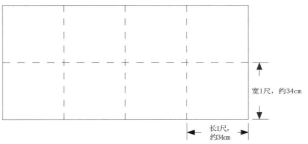

宽1尺，约34cm

长1尺，
约34cm

7. 四尺开六，长约46厘米，宽1尺（约34厘米）。

（注：这是小品和册页的尺寸）

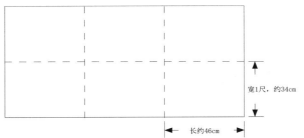

宽1尺，约34cm

长约46cm

（三）书画形式平尺计算方法

宣纸的尺寸一般分为三尺、四尺、五尺、六尺、八尺、丈二等数种，现在还有特殊制式。书画计算中的尺与现在计量的尺有区别，它是指我国木匠鼻祖鲁班发明的"鲁班尺"。以四尺宣为例，其尺幅为68厘米×137厘米，对开或三裁就是对裁或均裁三份。一般来讲，四尺整张就是八平尺，对开就是四平尺，每平尺就是大约34厘米×34厘米。

1. 立轴　立轴为中国书画装裱的最常见形制。一般以直幅画心为主，画心如为四尺三开或四尺六开，一律按三平方尺或一平方尺半计价，超过此两种规格者，按实际面积计价。

2. 条幅　条幅的方尺以其长度来定，宽度不足一尺仍按一尺计算，超过一尺则按实际面积计算。如长三尺、宽八寸，按三平方尺计算；长四尺、宽一尺半，按六平方尺计算。

3. 对联　对联既可单独悬挂，又可与大幅中堂画同时悬挂，是深受大众尤其是文人喜爱的形制。一般按幅长而论，其方尺与幅长相同的条幅相当，如四尺对联与四尺条幅的平方尺和价格基本一致。但需注意的是，对联上的字数与价格成正比，如四尺七字联要比四尺五字联价高两成左右。

4. 横批　横批的形制为画心竖短横长，一般竖长为一尺，横长不超过四尺。由于其比较适于布置在现代居室中，如挂在客厅沙发的上方，所以较受人们欢迎。无论是国画还是书法作品，其基本面积的换算与条幅相似，但价格要比面积相当的条幅高两成左右。

5. 扇面　一般按一平尺半计算，成扇以两平尺计算，团扇按直径大小计算。

6. 手卷　以横长计算，横长越长平尺越大。但需掌握一点：手卷的价格如按平尺计算与其他制式有明显的区别，每平尺的价格约为其他制式价位的一倍半到两倍（指同一书画家、同一时期，题材、质量基本差不多的作品）。

二、宣纸使用说明

1. 书法练习

练习写小字用毛边纸，大字用浅黄色七都纸，书写屏联用宣纸及冷金笺。

初学写字用吸墨的毛面粗纸，练习日久，遇到纯细光泽之纸，自然觉得格外易写。

摹帖宜用油光纸，取其纸薄透明，容易勾摹。

临帖宜用田字格、九宫格、回宫格纸，取其易于布置结构。

硬纸用软笔，软纸用硬笔，此即"弱者强之，强者弱之"刚柔相济的中道要诀。

2. 书法创作

宣纸选择以吸水性较好、又与笔墨配合为原则。切忌用光滑的

纸，不渗墨，又不驻笔，更写不出力量来。小楷可以用熟宣纸或者半生熟宣。其他的用生宣比较多，一般选宣纸的棉料这个品种比较多，也可以用净皮。

3. 国画创作

画水墨画，应选择生宣。

画工笔画，应选择熟宣。皮纸性能与生宣纸相似，纸质结实且经得起反复皴、擦、揉、搓，但不易留笔痕，上色易灰暗。

生宣与熟宣的使用区别：生宣比熟宣略软；生宣吸水性较熟宣强；生宣为棉料，净皮，没有经过矾的加工，而熟宣恰恰相反；生宣适合书法、书画、国画、写意、山水、人物、花鸟，而熟宣适合工笔画。

宣纸与书画纸的两种鉴别方法：肉眼分辨法，拿起纸，对着亮光透视，宣纸上面密布着云朵样的丝状物，这些丝状物就是檀皮纤维，还能发现燎草的筋丝（一张纸上有8至10条，2至3毫米长），而龙须草制作的书画纸上没有这些，相对而言，它表现得过于洁白；着墨法，用笔把较淡、淡、较浓、浓这四种墨痕描于纸同一处，观察纸的受墨效果，如果是宣纸，则能清晰地显示笔痕与层次，而书画纸在笔痕交叠处显得模糊，尤其吸附重、浓的墨汁后，由于纤维度差，纸张会因难以承受而断裂。一般人在鉴别纸张时常采用第一种方法，而专业人士往往采用两种鉴别方法。

晋唐以来至明代，书画用纸大都是熟纸（即加工纸）。唐人写字所用的加工黄纸，有染黄、硬黄之分，其中硬黄是以纸置热熨斗上，涂以黄蜡，使之变得硬而透明。唐代张彦远在《历代名画记》中记载："宜置宣纸百幅，用法蜡之，以备摹写。"宣纸大显于世是在明宣德年间。此时中国传统水墨写意画有了长足的发展，而宣纸特有的润墨性和渗透性又在载体介质上为书画作品表现力提供了极大的帮助。宣德年间宣纸已有若干品种，如贡笺、白笺、洒金笺、五色粉笺、五色大帘纸、磁青纸等。

根据厚薄不同，宣纸可分为单宣、夹宣等。所谓单宣即是单层、比较薄的宣纸，而夹宣则是经过连续两次抄造而成的宣纸。目前生产的宣纸，可根据加工方法的不同分为生宣、熟宣、笺纸三大类。生宣就是没有经过任何处理，保留了渗化、吸水等特性，润墨性很强的普通宣纸；熟宣是在生宣上加刷一层胶矾，使之失去渗化和吸水特性，因此也称"矾宣"，用于工笔画；笺纸是生宣按不同用途，通过印刷、染色、加料、擦蜡、砑光、泥金、泥金银粉、洒金银箔片、描金银图案等方法制成的纸，多称"花笺"或"锦笺"。普通宣纸加工成笺纸后，往往冠以各种雅称，像玉版宣（以淀粉为黏合剂，将两层以上生宣托裱制作而成）、虎皮宣（亦称金粟笺，将宣纸加工点染成斑纹状，使之美观）等。

（《月雅书画》，2015年12月8日）

后记

　　"浙江省非物质文化遗产代表作丛书"之一的《龙游皮纸制作技艺》终于和广大读者见面了，这是龙游县近年来非遗保护工作成就的一个缩影。

　　龙游皮纸制作技艺是2011年经国务院批准列入第三批国家级非物质文化遗产扩展名录的项目之一。龙游皮纸发展历史悠久，纯手工制作的皮纸系列产品一直深受广大书画家的喜爱。本书系统梳理了龙游皮纸制作技艺的历史渊源、技艺特征、主要产品及工艺特色、传承发展情况，阐述了龙游皮纸制作技艺的多重价值和发展规划，希望能让更多的人了解和认识龙游皮纸，更好地保护这一古老的手工制纸技艺。

　　在本书编著过程中，得到了中国美术学院王其全教授的悉心指导，以及王建虹、万爱珠、柴建坤、徐庆丰、林浩等同志及浙江龙游辰港宣纸有限公司广大员工的热情支持，引用了黄力、王良春等专家的学术成果，在此深表感谢！浙江省非遗保护专家许林田先生认真为本书审稿，提出了许多宝贵意见，一并致谢。

　　由于本书编著时间较为仓促，且编者见识有限、水平有限、经验不足，错误与疏漏在所难免，书中若有不当之处，敬请各位专家、学者和广大读者批评指正。

编著者

2016年10月

责任编辑：张　宇

装帧设计：薛　蔚

责任校对：王　莉

责任印制：朱圣学

装帧顾问：张　望

图书在版编目（ＣＩＰ）数据

龙游皮纸制作技艺 / 吴建国，徐荣伟，张博编著.
—— 杭州 : 浙江摄影出版社，2016.12（2023.1重印）
　（浙江省非物质文化遗产代表作丛书 / 金兴盛总主编）
　ISBN 978-7-5514-1659-7

　Ⅰ. ①龙… Ⅱ. ①吴… ②徐… ③张… Ⅲ. ①宣纸—民间工艺—介绍—龙游县 Ⅳ. ①TS766

中国版本图书馆CIP数据核字(2016)第311097号

龙游皮纸制作技艺

吴建国　　徐荣伟　张　博　编著

全国百佳图书出版单位
浙江摄影出版社出版发行
　　地址：杭州市体育场路347号
　　邮编：310006
　　网址：www.photo.zjcb.com
制版：浙江新华图文制作有限公司
印刷：廊坊市印艺阁数字科技有限公司
开本：960mm×1270mm　1/32
印张：4
2016年12月第1版　　2023年1月第2次印刷
ISBN 978-7-5514-1659-7
定价：32.00元